彰国社

Rhinoceros × Python

コンピュテーショナル・デザイン入門

三井和男 著

はじめに

三井和男

私たちはものを作るのが大好きです。人と動物を隔てるものは道具を使うことであると言われますが、有史以前から人間は道具を、ものを作ってきました。遠い昔、私たちの祖先は石器や土器などの道具を作りました。その道具を使って身につけるものを作り、煮炊きをして食べるものを作りました。道具を使ってもっと複雑な道具も作ってきました。今ではとてつもなく複雑な機械も作っています。私たちは基本的にものを作るのが好きなのです。

近年、ものづくりの大好きな私たちには歓迎すべき大きな変化が起こっています。3Dプリンターやレーザーカッター、CNC装置、3Dスキャナーなどの登場です。21世紀の工房にはこれらデジタルファブリケーション機器と呼ばれるツールが続々と登場し、新産業革命と呼ばれるものづくりの新しい未来を照らし出しています。これらの機器並んで歓迎すべきもう一つは、SOLIDWORKS、Rhinoceros、Fusion360などのデザインツールです。これらのツールは、頭の中にあるアイディアをマウスとキーボードを使ったデスクトップの作業でドキュメントとして作りあげます。CAD（Computer Aided Designもしくは Drawingの略）と総称されるこれらのツールの中には、アイディアをドキュメントに、そしてシミュレーションに連携して、製造工程で必要なデータにまでまとめあげるものもあります。デジタルファブリケーション機器とCADのようなデザインツールは、情報を物質に、そしてまた物質を情報に変換する魔法の杖といえるでしょう。

CADの先駆けは、1963年に発表されたSketchpadとされています。グラフィカルユーザインタフェースを実現し、それまでのトレーシングペーパーに定規と鉛筆という人間の作業をコンピュータに置き換えました。その後、コンピュータ支援設計というよりは、コンピュータを用いた製図システムという方が適切な時代が続きましたが、今ではこの状況も大きく変化しています。GrasshopperのようなGAE（Graphic Algorithm Editor）の登場です。GAEを使うと設計のプロセスを直感的なアイコンで表現されるコンポーネントの接続によって記述できます。GAEが単なる3Dモデラーと異なるのは、プロセスモデルを記述することによって、パラメータを変更したり、部分的なプロセスを組み替えたり修正したりすることでアウトプットを理想の精度にまで高めるということを可能にする点にあります。しかし、GAEでは使えるコンポーネントの種類に限りがあって、やりたいことを記述するには非常に回りくどいコンポーネントの接続が必要であったり、あるいは適切なコンポーネントが存在しない場合さえあります。設計の自由度を高めるためには、コンポーネントに頼らず自分でスクリプトを書かなければならない場合も多いでしょう。Pythonは、それを実現するプログラミング言語の一つです。また、PythonによってGrasshopperのコンポーネントを構築することも可能ですから、自由度を高めるために、Pythonによる設計アルゴリズムの記述の必要性は一層増すと考えられます。

この本は、Chapter 1からChapter 3までの構成になっています。Chapter 1では、Pythonプログラミング言語の基礎を学びます。Pythonを学んだことのない読者を対象に、この本で必要な基礎知識をRhino Python Editorを使って解説します。Pythonをご存知の方は、読み飛ばすことが可能です。Chapter 2は、RhinoとPythonを結びつけるところです。RhinoのコマンドをPythonのスクリプトからどのようにして実行するのか、また、どのようなコマンドがあるのかについて知ることができるでしょう。Chapter 3では、いよいよ計算によって形を表現します。どのように考え、そしてそのプロセスをどのように記述するかについて知ることができるでしょう。Chapter 3の1つ目は、サボテンを描きます。おそらく誰もが知っているイメージをそのまま記述してみます。2つ目は、巻貝の形状を記述します。イメージを数式で表現し、それをコードで記述します。3つ目では、再帰アルゴリズムを扱います。プログラミングに特有な手法の一つですが、自然界のさまざまな現象と再帰との興味深い関係を知ることができるでしょう。4つ目はワッフリングというモデリングの一手法を扱います。5つ目では、最適化アルゴリズムで形を見つけることに挑戦します。6つ目では、反応拡散方程式を解くことによってチューリング・パターンを生成します。

楽しみながらプログラミングの学習を進め、プログラミングをデザインという活動の一つの手段、または発想の手がかりとして活用していただけるよう、また、ものづくりの自由度を高めていただけるよう願います。

装丁　坂 哲二（BANG! Design, inc.）
イラスト　いとひろ（P.96、114、124、134、144、164）
樽井文花（上記以外すべて）

この本の使い方

この本は、プログラミング言語Pythonの基礎からモデリングツールRhinocerosでの活用まで、具体的な例を取り上げながら、初学者でも学べるように構成しています。

1. 書体について

本文で取り上げるプログラム・コードは、Pythonエディタで入力したときのイメージに近いよう、等幅フォントで示しています（例:`AddPoint`）。また、覚えておきたいキーワードは太字で示しました。

2. プログラム・コードの解説について

実際に入力するコードに続いて、各プログラムがどのような意味を持っているのかを解説しています。すでに解説したプログラムは省略するなど、できるだけコンパクトに整理しました。

また、Chapter 3で取り上げたPythonのコードの一部は、以下のウェブサイトで公開しています。ぜひ、みなさんも実際に試しながら学んでみてください。

http://www.shokokusha.co.jp/DL/320837/

本書の構成

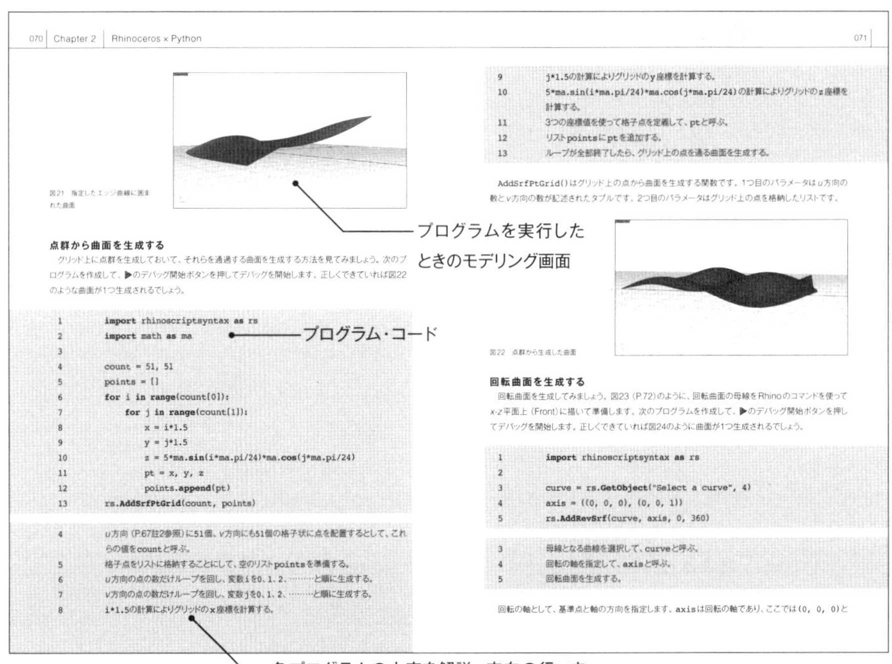

070 | Chapter 2 | Rhinoceros × Python

図21　指定したエッジ曲線に囲まれた曲面

点群から曲面を生成する

グリッド上に点群を生成しておいて、それらを通過する曲面を生成する方法を見てみましょう。次のプログラムを作成して、▶のデバッグ開始ボタンを押してデバッグを開始します。正しくできていれば図22のような曲面が1つ生成されるでしょう。

```
1   import rhinoscriptsyntax as rs
2   import math as ma
3
4   count = 51, 51
5   points = []
6   for i in range(count[0]):
7       for j in range(count[1]):
8           x = i*1.5
9           y = j*1.5
10          z = 5*ma.sin(i*ma.pi/24)*ma.cos(j*ma.pi/24)
11          pt = x, y, z
12          points.append(pt)
13  rs.AddSrfPtGrid(count, points)
```

4　u方向（P.67註2参照）に51個、v方向にも51個の格子状に点を配置するとして、これらの値をcountと呼ぶ。
5　格子点をリストに格納することにして、空のリストpointsを準備する。
6　u方向の点の数だけループを回し、変数iを0、1、2、………と順に生成する。
7　v方向の点の数だけループを回し、変数jを0、1、2、………と順に生成する。
8　i*1.5の計算によりグリッドのx座標を計算する。

071

9　j*1.5の計算によりグリッドのy座標を計算する。
10　5*ma.sin(i*ma.pi/24)*ma.cos(j*ma.pi/24)の計算によりグリッドのz座標を計算する。
11　3つの座標値を使って格子点を定義して、ptと呼ぶ。
12　リストpointsにptを追加する。
13　ループが全部終了したら、グリッド上の点を通る曲面を生成する。

AddSrfPtGrid()はグリッド上の点から曲面を生成する関数です。1つ目のパラメータはu方向の数とv方向の数が記述されたタプルです。2つ目のパラメータはグリッド上の点を格納したリストです。

図22　点群から生成した曲面

回転曲面を生成する

回転曲面を生成してみましょう。図23（P.72）のように、回転曲面の母線をRhinoのコマンドを使ってx-z平面上（Front）に描いて準備します。次のプログラムを作成して、▶のデバッグ開始ボタンを押してデバッグを開始します。正しくできていれば図24のように曲面が1つ生成されるでしょう。

```
1   import rhinoscriptsyntax as rs
2
3   curve = rs.GetObject("Select a curve", 4)
4   axis = ((0, 0, 0), (0, 0, 1))
5   rs.AddRevSrf(curve, axis, 0, 360)
```

3　母線となる曲線を選択して、curveと呼ぶ。
4　回転の軸を指定して、axisと呼ぶ。
5　回転曲面を生成する。

回転の軸として、基準点と軸の方向を指定します。axisは回転の軸であり、ここでは(0, 0, 0)と

*本書は2016年12月に得られた情報にもとづいて構成しています。本書に登場するアプリケーション、プラグイン、URLなどが今後変更になる可能性があることを、あらかじめご了解ください。
*RhinocerosやPythonの動作に必要な環境は、今後更新される可能性があります。ダウンロードやインストールの際には、随時確認してください。

準備編

RhinocerosとPythonのセットアップ

RhinoとPythonの関係をつかんでおきましょう。
Rhinoでは、Python言語で書かれたプログラムを実行して、
モデリングを行うことができます。また、
「Rhino Python Editor」という編集ソフトを使って、
プログラムを作成したり、デバッグを行ったりすることもできます。
ここでは、それらの方法について解説します。

1 RhinocerosとPythonの関係を知る

Rhinoceros（以下、Rhino）とPythonの関係をつかんでおきましょう。図1はRhinoのユーザーインターフェイスです。この本の読者のみなさんは、Rhinoに備わっているさまざまなツールを使って3Dモデルを作成できることをすでにご存じのことと思います。そのような方法とは別に、この本ではPythonのプログラムを実行して3Dモデルを作成します。

すでに.pyという拡張子の付いたプログラムのソースファイルがあるなら、メニューバーの「Tools」から「PythonScript > Run」と進みます。現れるダイアログボックスでソースファイルを指定して「開く」をクリックするとプログラムが実行され、Rhinoのドキュメントにモデルを追加したり、変更を加えたりすることができます。図2は、そのようにして追加された3Dモデルの一例です。これから作るプログラムも同じように実行することができます。

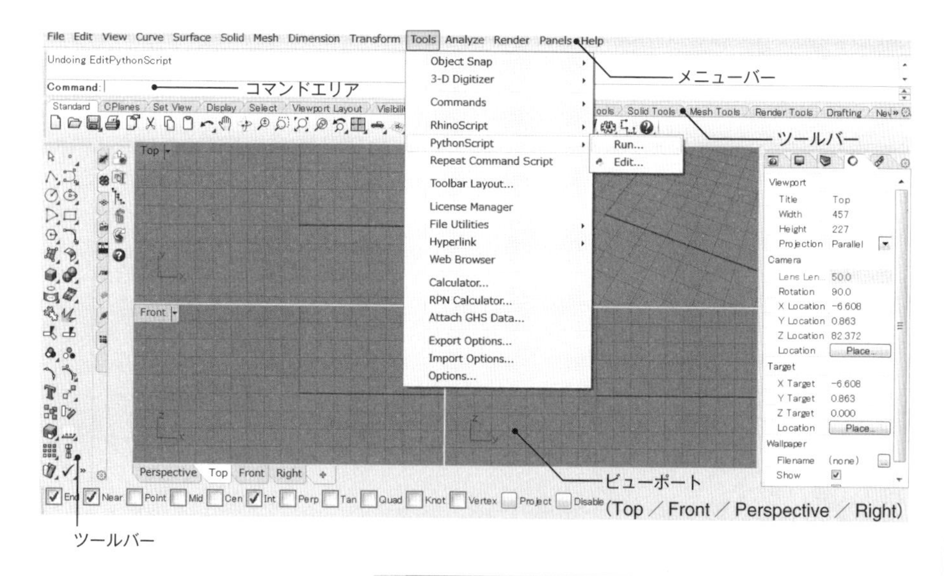

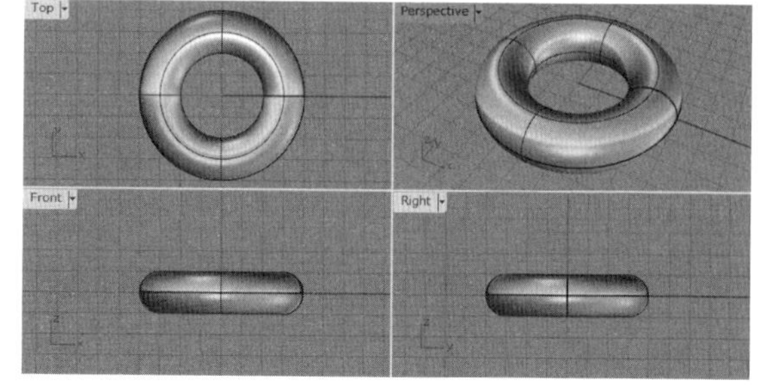

図1　Rhinoのインターフェイス(上)。図2　プログラムの実行によって追加された3Dモデル(下)

2 Pythonのエディタを起動する

Rhinoのコマンドエリア[1]にEditPythonScript[2]と入力し、[Enter]キーを押すか、メニューバーの「Tools」から「PythonScript > Edit」と進むと、図3のような「Rhino Python Editor」と呼ばれるエディタ（編集ソフト）の画面が現れます。

メニューバーには「File」「Edit」「Debug」「Tools」「Help」が並んでいます。「File」のプルダウンメニューには「New」「Open」「Close」「Print」「Save」などがあります。「Edit」には「Cut」「Copy」「Paste」「Find and Replace...」などがあります。これらのメニューについては一般的なエディタと変わりませんので、説明の必要はないでしょう。「Debug」と「Tools」には、プログラムの開発過程で便利な機能が備わっています。「Help」には「Python Help」や「Samples」があり、困ったときには大変便利で参考になる項目がたくさん紹介されています。

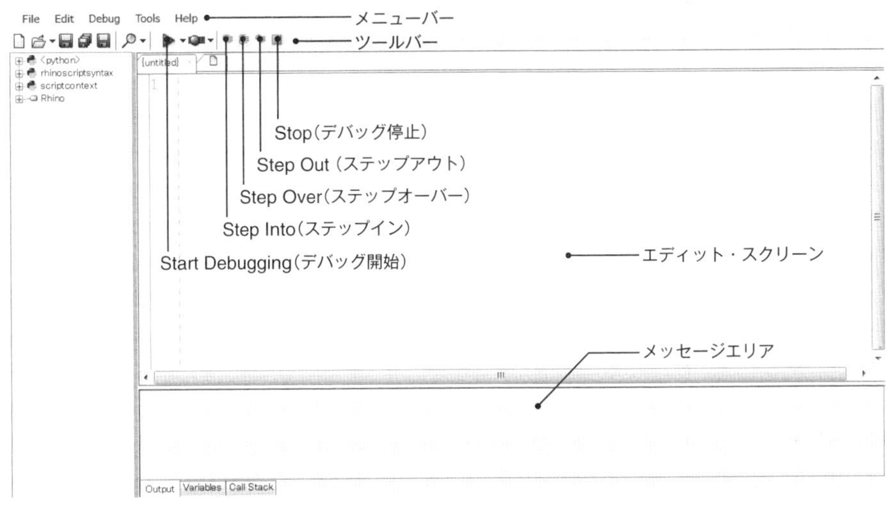

図3　Rhino Python Editorのインターフェイス。「Help」には「RhinoPython Community」などへのリンクがあり、多くの情報を得ることができる

註

1) Rhinoのコマンドエリアは、初期設定では画面上部（メニューバーの下）にあります。

2) EditPythonScriptは綴りが長いので、「py」などのエイリアス（alias）を設定すると便利です。設定は、Rhinoの「Options」を使います。

3 プログラム・コードを書く

コードを入力してみましょう。組み込まれた関数等[1]をキーボードから入力する際、途中まで入力するとエディタが候補を表示しますので、その中にあればそれを選ぶようにすると入力も簡単で、しかも綴りの誤りも防ぐことができるので大変便利です。図4のように、`import rh`までを入力すると`rhinoscriptsyntax`と続くだろうと予測してくれます。それをダブルクリックするか、スペースを1つ入れると、その候補を入力できます。スペースに続けて、`as rs`と入力して[Enter]キーを押してください。この1行によりRhinoのモジュールをインポートし、それを`rs`という略称で呼ぶことができるようになります。モジュールのインポートによってRhinoの機能をPythonに追加したと考えるとよいでしょう。

次の行に`rs.`まで入力してみましょう。Rhinoのモジュール中にある関数のリストをプルダウンメニューに表示してくれます。このリストの中から所望の関数をダブルクリックで選択できます。または、図5に示す`rs.addpo`のように途中まで入力すれば、それに該当する関数を候補として表示してくれます。候補の中から1つを決定するには、[Enter]キーを押すか、それに続く文字を入力すればいいのです。この場合には`AddPoint`に続く`(`(左括弧)を入力します。続けて、`0, 0, 0)`を入力し、図6のようにプログラムを完成してください。メニューバーにある▶アイコンのデバッグ開始ボタンを押して実行すれば、原点に点が1つ生成されます[2]。`(0, 0, 0)`は3次元座標系の原点です。

註

1) 本書に登場する主な関数の簡単な説明を本書の付録に付けました。仕様の詳細は「Python Help」を参照してください。

2) ▶はデバッグ開始ボタンです。デバッグとは、コンピュータプログラム中のバグ(欠陥)を発見および修正し、動作を仕様通りのものとするための作業です。デバッグなしで実行するには「File」メニューの「Run Script (no debugging)」または「Ctrl + F5」を使います。

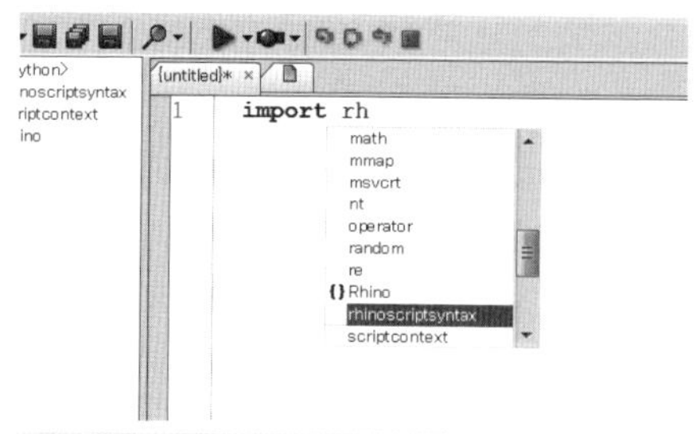

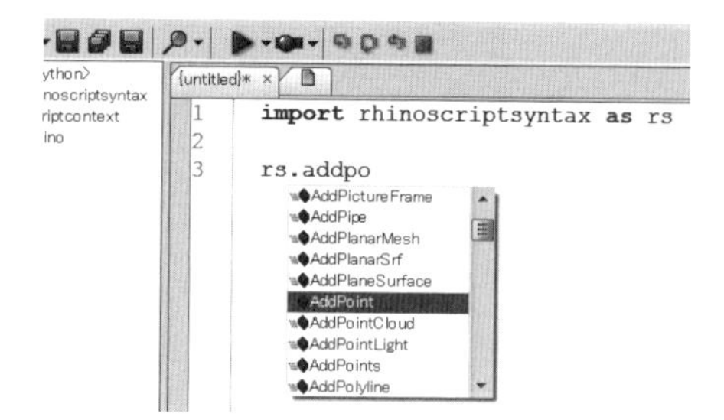


```
1    import rhinoscriptsyntax as rs
2
3    rs.AddPoint(0, 0, 0)
```

図4 `import rh`を入力するとその先を予測してコードが表示される(上左)。図5 `rs.addpo`を入力した場合(上右)。図6 `AddPoint`メソッドで原点を入力(下)

4 デバッグする

デバッグというのは、エラーの原因をつきとめて、そのエラーを修正することですが、Python Script Editorには、便利なデバッグ機能が備わっています。この機能をデバッガー(Debugger)と呼び、図7に示すのがそのインターフェイスです。このデバッガーは、ブレークポイント(Breakpoint)を設定することができます。ブレークポイントを設定するには図7に示すように行番号の左側をクリックします。すると赤色の円が現れます。ブレークポイントが設定されているとき、▶ボタンをクリックしてデバッグを開始すると、そのブレークポイントの位置で実行が停止します。正確には、その行を実行する直前で停止します。

その後、実行を1行ごとに進めてテストを行うには、▶の右にある「Step Into」「Step Over」「Step Out」ボタンのいずれかをクリックします。「Step Into」は、1行ずつ実行が進み、関数やループの中に入っても1行ずつ進みます。「Step Over」は、関数などの内部では行ごとに停止しません。「Step Out」は、関数などを抜け出して呼び出し元に戻ります。どの場合も、停止するたびに下部にあるコンソールビューの「Variables」に変数名、その値、タイプ(型)が表示されます。

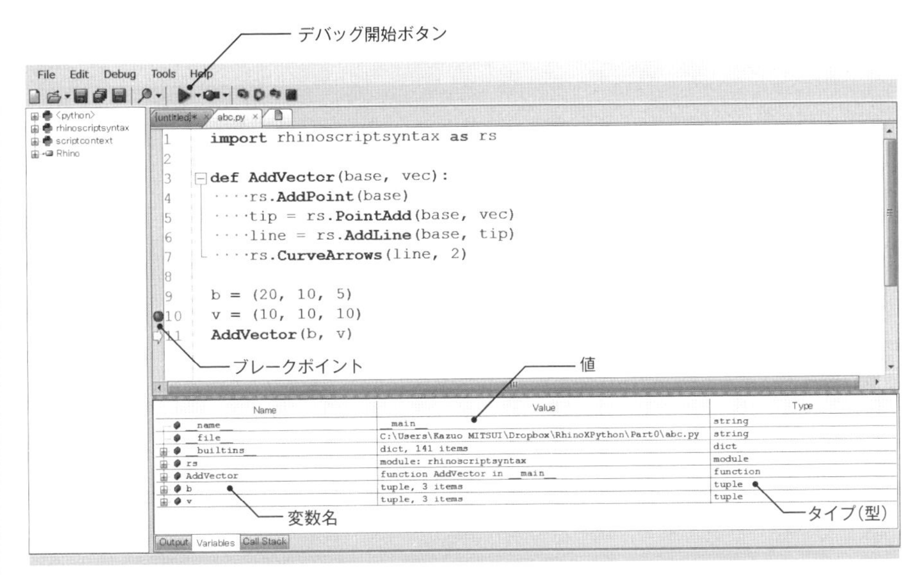

図7　デバッガー(Debugger)のインターフェイス

Rhinoceros for MacでPythonスクリプトを始める方法

この本は、読者のみなさんがWindows版のRhinocerosを使っていることを前提としていますが、Mac版のRhinoでも同様のプログラミングをすることができますので、その手がかりについて少々触れておくことにします。

1. エディタのインストール

Rhinoのほかに、別途、任意のエディタをインストールする必要があります。Atom text editor が使いやすくて便利なのでおすすめします。Atom text editorは、http://atom.io からダウンロードできます。まず、Mac用のAtom text editorをダウンロードして、インストールします。インストールが済んだらAtomを起動して、メニューバーのAtomというメニューから「Install Shell Commands」を選択します。次に、キーボードで[command] + [,]を押して「Settings」を起動し、左側の「install」ボタンをクリックします。替わって表示される画面で「Packages」ボタンをクリックして、「Search Packages」ボックスに`rhino-python`とタイプし、[Enter]キーを押します。その下に表示されるリストの先頭にrhino-pythonパッケージが現れるので「install」ボタンをクリックします。これでエディタの準備は完了です。

2. 編集と実行

Rhinoのコマンドエリアで`StartAtomEditorListener`コマンドを実行します。Atomを起動してPython スクリプトを編集し、「.py」という拡張子をつけてファイルを保存します。編集が完了したら、Atomをアクティブにしたままキーボードで[Control] + [alt] + [r]キーを押すと、Rhinoにファイルが送られて実行が始まります。

Chapter 1

Pythonプログラミングの基礎

Pythonは数あるプログラミング言語の一つです。
わが国においてCやC++、Javaなどに比べるとあまり知られていないかもしれませんが、
海外ではさまざまなアプリケーションへの組み込み、
学術計算などに多く用いられていて、利用できるライブラリも数多く存在しています。
また、プログラミング初心者の学習にも広く用いられています。
これは、Pythonで書かれたプログラムが読みやすいという特徴によるものでしょう。
ここでは、プログラミングをはじめて学ぶ人はもちろんのこと、
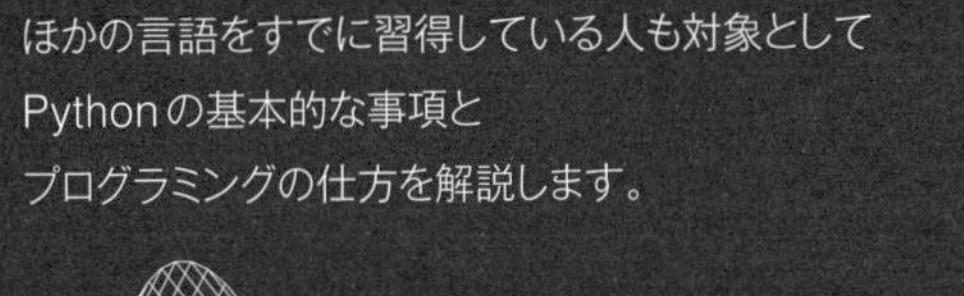
ほかの言語をすでに習得している人も対象として
Pythonの基本的な事項と
プログラミングの仕方を解説します。

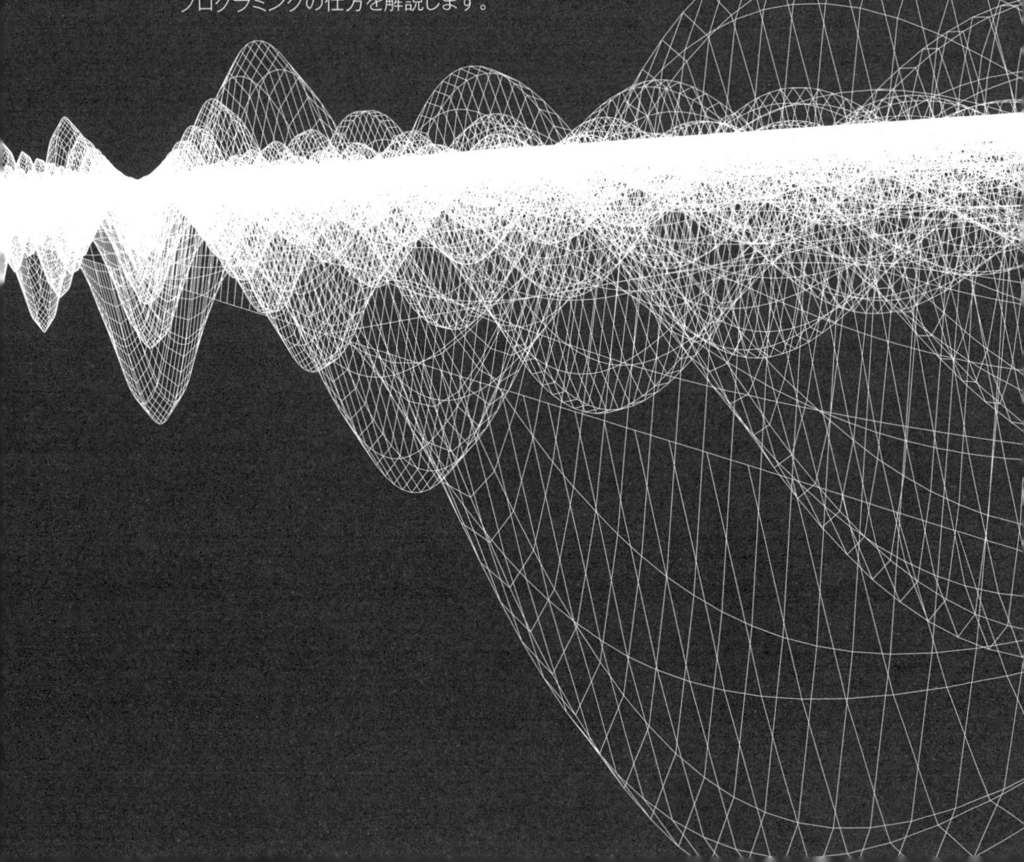

1 ビルトインオブジェクト

Pythonのプログラムでは、処理の対象となるすべてのものが**オブジェクト**と呼ばれます。処理の対象とは、**数値**や**文字列**などです。例えば、プログラムでは与えられた数値の合計を計算するとか、与えられた文字列の中から特定の文字を探し出すなどといった処理をするわけです。数値も文字もデータとして扱うことができますが、それぞれ異なる特徴がありますね。数値と文字のような違いを、プログラムでは型（タイプ）の違いとして区別しています。Pythonには、あらかじめさまざまな機能を備えた何種類ものオブジェクトが用意されています。これらを総称して**ビルトインオブジェクト**と呼びます。ビルトインオブジェクトには、数値、文字列のほかに、**リスト**、**ディクショナリ**、**タプル**、**ブーリアン**などがあります（図1）。

1. 数値を作るには、例えば、`1234`、`3.14159`、`999L`、`3 + 4j`のように書きます。これらは、数値リテラルと呼ばれます。`1234`や`3.14159`は日常で使う数字の書き方と同じです。`999L`は長整数の一例で、末尾に`L`を付けると桁数をいくらでも長くできます。また、`3 + 4j`は複素数を表現するリテラルの一例で、虚数部に`j`を付けます。
2. 文字列を作るには、例えば、`'moon'` `'apple'` `'book'` `'April'`のようにクオーテーション（`'`）またはダブルクオーテーション（`"`）で囲むという文字リテラルを使用します。

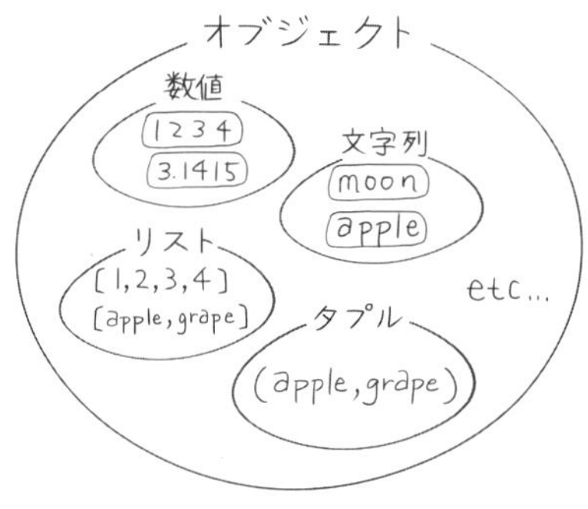

図1 オブジェクトの例

3. リストを作るには、角括弧`[ ]`で囲んで`[1, 2, 3, 4]`や`['apple', 'grape', 'lemon', 'orange']`のように、カンマ（`,`）で要素間を区切って表します。
4. ディクショナリを作るには、中括弧`{ }`で囲んで、`{39:'Italy', 49:'Germany', 66:'Thailand'}`のように書きます。コロン（`:`）で結ばれた左側は**キー**、右側は**値**と呼ばれます。
5. タプルを作るには、丸括弧`( )`で囲んで、`('apple', 'grape', 'lemon', 'orange')`のように書きます。
6. ブーリアンは真か偽を意味する`True`と`False`しかありません。ブーリアンを作るには、`True`または`False`を代入します。

数値

数値の主なものは、整数（小数点のない数値）、浮動小数点数（小数部分のある数値）です。数値は、普通の数学演算に使えます。例えば、加算なら`+`の記号を、乗算なら`*`を、累乗なら`**`を使います。

```
123 + 321, 1.25*4, 2**16
```

などは、それぞれ123と321の和、1.25と4の積、2の16乗を意味します。同様に、

```
444 - 321, 5 / 1.25
```

などは、444から321を引いた差、5を1.25で割った商を意味します。さらに、**mathモジュール**と呼ばれるプログラムファイルをインポートしておけば、用意されている円周率πを意味するmath.piも使うことができます。また、**randomモジュール**をインポートしておけば、random.random()のようにして乱数を生成することもできます。

文字列

文字列は複数の文字の並びのことで、**シーケンス**と呼ばれるPythonのオブジェクトの一種です。シーケンスというのは、オブジェクトを一定の順序に並べたもので、要素となるオブジェクトの順序は常に変わりません。位置を指定して、要素を抽出したり、追加したりすることができます。例えば、'apple'という文字列の先頭のaを取り出したり、末尾にsを付け加えて'apples'という文字列にしたりすることができます。

リスト

リストは、次に示す例のように角括弧[ ]で囲んで表記します。オブジェクトを一定の順序に並べたもので、シーケンスの一種です。その要素は、どのような型でもかまいません。

```
[1, 2, 3, 4]
```

この例では、整数が順に4つ並んでいます。文字列とは違って、要素を追加したり削除したりすることができます。このように変更できる性質を持ったオブジェクトを**可変性**のオブジェクトといいます。例えば、先頭に0を付け加えて[0, 1, 2, 3, 4]とすることもできますし、また末尾に5を追加して[1, 2, 3, 4, 5]とすることもできます。3番目の要素を0に置き換えて[1, 2, 0, 4]としたり、途中に9を挿入して[1, 2, 9, 3, 4]とすることもできます。

ディクショナリ

ディクショナリは、中括弧{ }で囲んで表記します。リストと同じようにオブジェクトの集合ですが、その要素の並ぶ順序は一定ではなく、その代わりに個々の要素にそれぞれのキーが付いています。

```
{81: 'Japan', 49: 'Germany', 66: 'Thailand', 39: 'Italy' }
```

この例では、81、49、66、39がキーであり、'Japan' 'Germany' 'Thailand' 'Italy'は値と呼ばれます。特定の要素にアクセスするには、インデックスではなく、キーを手がかりにします。また、ディクショナリは上書き可能な可変性のオブジェクトであり、リストと同様に必要に応じて追加や削除が可能です。

タプル

タプルは、次に示す例のように丸括弧( )で囲んで表記します。要素の型は何であってもかまいません。

```
('apple', 'grape', 'lemon', 'orange')
```

リストと似ていますが、**不変性**のオブジェクトである点が違います。つまり、上書きができないのです。タプルは、リストと比べると操作が自由にできないのですが、逆に大規模なプログラム中などでは、要素の変更ができないということで整合性が確保されるということが重要な意味を持つ場合があるのです。

ブーリアン

ブーリアンは、True(真)またはFalse(偽)のどちらかの値をとるため、真偽型と呼ばれることもあります。次の例は、変数aにTrueを、bにFalseを代入しています。

```
1    a = True
2    b = False
```

次のような論理演算の結果は、TrueまたはFalseのどちらかの値をとることになります。論理演算については後で述べますが、x < yはxがyより小さいかを、またx == yはxとyが等しいかどうかを判定します。この例では、cにはTrue、dとeにはFalseが代入されるでしょう。

```
1    x = 12
2    y = 18
3    c = x < y
4    d = x > y
5    e = x == y
```

これらの操作の詳細については、次の「変数」について学んだ後で説明することにします。

2 変数

変数の役割

変数は、プログラム中で使用するオブジェクトの入れ物のような役割を果たします。Pythonの変数がほかのプログラミング言語と違うのは、あらかじめ変数を宣言しなくてもいいという点です。例えばC言語などでは、整数の入れ物としてaなどという名前の変数を宣言しておいて、その後にオブジェクトを入れる、すなわち**代入**という手順をとります。しかし、Pythonではその必要がなく、はじめに値が代入された時点で変数が作成されるのです。

```
a = 3
```

と書くと、aは変数、=は代入、3は整数型オブジェクトを意味して、変数aに整数3が格納されます（図2）。このように、aが変数であることをあらかじめ明記しなくても、さらにaが整数型オブジェクトの入れ物であることを宣言しなくても、3を代入するという処理が行われた時点でaという名前の変数が作成されるのです。変数を使って式を書くと、演算にはその変数に代入された値が使用されます。ですから、先ほどの例につづけて、

```
b = a + 2
```

とすれば、変数aに格納された3と2の和が計算されて変数bには5が代入されます（図3）。

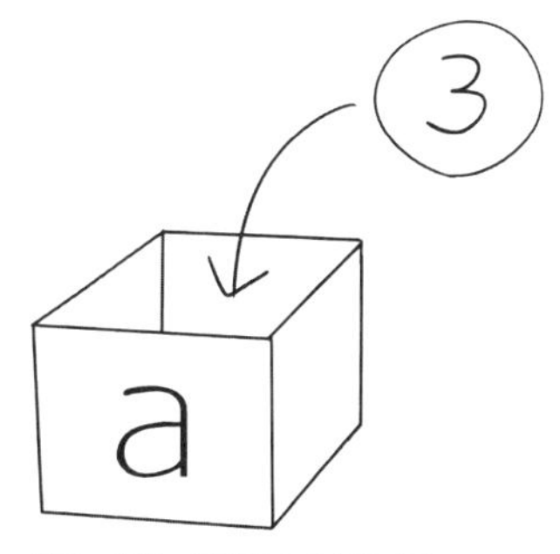

図2　変数aに整数3を代入する

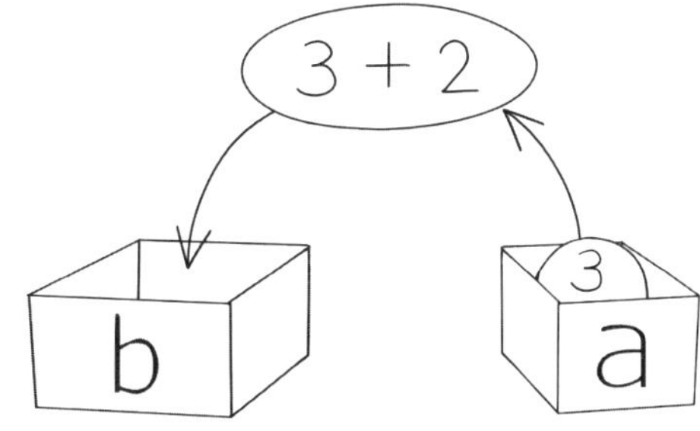

図3　3を代入したaと2の和5がbに代入される

名前の付け方

変数の名前の付け方には簡単なルールがあります。以下2つのルールです。

1. 変数に使える文字は、アルファベット、数字、アンダスコアー(_)だけです。
2. 名前の先頭はアンダスコアーかアルファベットでなければなりません。

ですから、`apple`、`big_apple`、`color128`、`_button`は変数名として正しいのですが、`3rd_level`は誤りです。

変数とタグ

変数は、オブジェクトの入れ物のような役割をすると説明しましたが、Pythonにおいては、むしろ**タグ**(荷札、付け札)のようなものと理解する方が適切かもしれません。入れ物ならオブジェクトを代入する以前に準備しておかなければなりませんが、Pythonではそうしないからです。前述のように`a = 3`と書けば、以下の3ステップの処理が行われます。

1. 数値の3に対応するオブジェクトが作成される。
2. 変数`a`が作成される。
3. 数値3と変数`a`がリンクされる。

ほかの言語と違って変数をあらかじめ宣言しておくことはしません。C言語などでは、変数はそれ自身の名前とその変数に入れるオブジェクトの型を決めておく必要がありますが、Pythonでは、型についての情報は変数が持っているのではなく、オブジェクト自身が保持しているのです。したがって、同じ変数に何度も異なるオブジェクトを代入する次のような例も正しく機能するわけです。

```
a = 3
a = 'apple'
a = 3.1415926
```

上記の場合、最初は3という整数のオブジェクトに`a`というタグを付けましたが、次に`'apple'`という文字列に`a`というタグを付け替え、さらに`a`というタグを`3.1415926`という浮動小数点数のオブジェクトへと付け替えたと考えるといいでしょう(図4)。

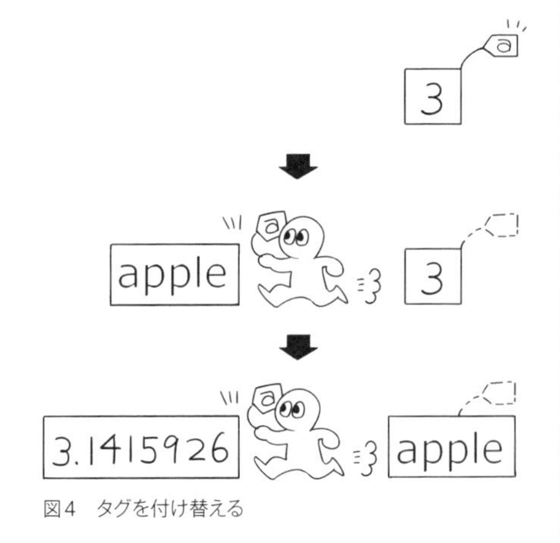

図4 タグを付け替える

3 オブジェクトの操作

数値の操作

数値の操作には、**式**を使用します。式は、数値などのオブジェクトと、操作の種類に応じた**演算子**を組み合わせたものです。例えば、以下のように記述します。

```
1    a = 3
2    b = 1.5
3    c = a * b
4    print c
```

Rhino Python Editorを起動して上述のプログラムを記述し、▶アイコン（デバック開始ボタン）をクリックしてみましょう。メッセージエリアに4.5と出力されるはずです。このプログラムでは、まず3というデータがaに代入され、次に1.5がbに代入されます。つづけて、aとbの積が計算されて、結果がcに代入されるという手順が実行されます（図5）。最後のprint cは、cの値を出力しなさいという命令です。=は代入演算子、*は乗算を計算する演算子です。そのほかに、+、-、/を使って加減乗除の操作をすることができます。さらに、**は累乗を、%は剰余を計算する演算子です。以下の例を試してみましょう。メッセージエリアに1.44と1が表示されるでしょう。

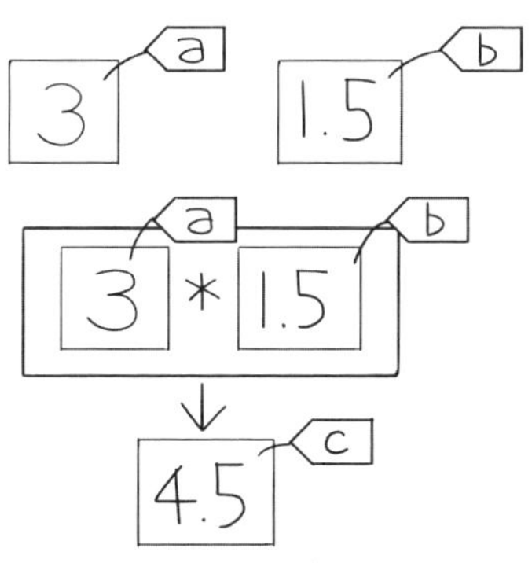

図5　変数を使った演算

```
1    d = 1.2 ** 2
2    e = 100 % 3
3    print d, e
```

▷比較演算子

数値の大小などを比較するには、比較演算子が使われます。比較演算子として<、<=、>、>=、==、!=などがあり、それぞれ演算子の左右のオブジェクトを比較して、より小さい、以下、より大きい、以上、等しい、等しくないなどを判定します。以下の例を試してみましょう。この例では、LとMは値が等

図6　LとMは等しい

図7　MはAより大きい

しいのでaには真を意味するTrueが、またMはAより大きいのでbには偽を意味するFalseが代入されます。print a, bという命令によってメッセージエリアに結果が表示されます（図6・7）。

```
1    L = 48
2    M = 48
3    A = 12
4    a = L == M
5    b = M <= A
6    print a, b
```

▷演算の順序

演算子による式を複数組み合わせることで複雑な式を作ることができますが、その演算の優先順位について正しく理解しておくことは重要です。以下の例を試してみましょう。

```
1    A = 2
2    B = 3
3    C = 4
4    D = 5
5    X = A * B + C * D
6    print X
```

Pythonのプログラムでも足し算引き算より、かけ算割り算を先に実行するという算数の約束が使われています。したがって、この例では、A×BおよびC×Dを計算して、その結果を足し算するということになります。結果は26ですね。もし、計算順位を明確にしたいなら、丸括弧（ ）を使ってどの部分から計算を進めるかを決めることができます。次のように（ ）を使うと、今度は70が出力されるでしょう。

```
X = A * (B + C) * D
```

文字列の操作

文字列を使った基本的な演算や文字列オブジェクトのメソッドなどについて学びましょう。まずはじめは、文字列の代入です。代入演算子=を使って次のように書くと、変数sに'apple'という文字列が代入されます。

```
1        s = 'apple'
2        print s
```

print sでメッセージエリアにsの値、すなわち'apple'という文字列が表示されるでしょう。変数sに入っている文字列の文字数を調べるには、

```
print len(s)
```

とします。len()は文字数を数える関数です。
この場合、5文字ですから5という値が表示されます（図8）。

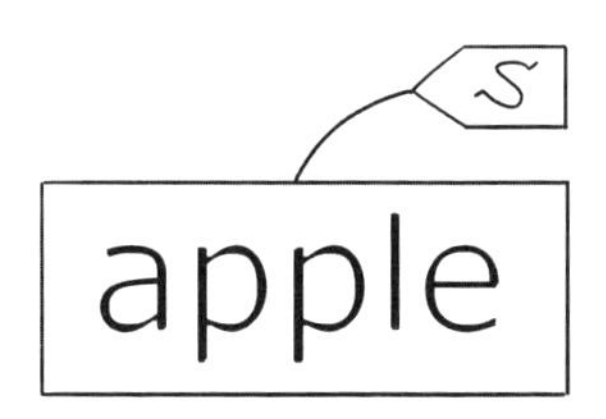

図8　変数sに代入されたappleの文字数は5

▷文字列の演算

文字列オブジェクトに対しても+や*の演算子を使うことができます。以下の例では、'apple-pie'と出力されます（P.24図9）。

```
1        s = 'apple'
2        p = '-pie'
3        a = s + p
4        print a
```

すなわち、+演算子は文字列オブジェクトに対しては連結を意味する演算子です。

```
1        a = 'apple' + '-pie'
2        print a
```

としても同じです。以下の例では、'cha!cha!cha!cha!'と出力されます。

```
1    y = 'cha!'
2    a = y * 4
3    print a
```

すなわち、*演算子は文字列オブジェクトに対して繰り返しを意味します。

```
1    a = 'cha!' * 4
2    print a
```

上記のようにしても同じ意味です。

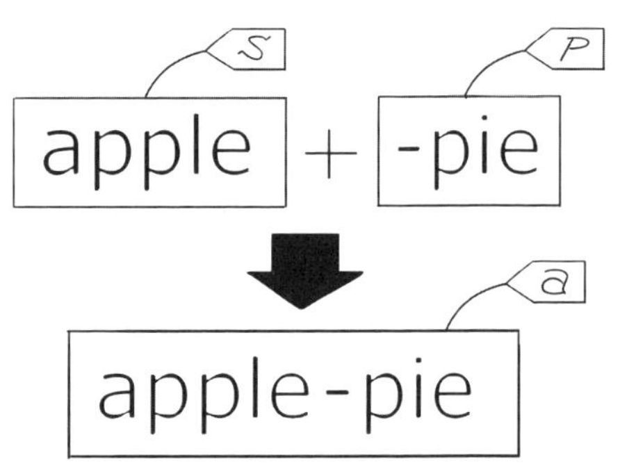

図9　+演算子で文字列オブジェクトを連結させる

▷ **in 演算子**

以下の例で、in演算子について試してみましょう。

```
1    str = 'totocalcio'
2    r = 'a' in str
3    print r
```

変数strに'totocalcio'を代入して、次にin演算子を使って変数strの中にaが含まれているかどうかを調べています。aが含まれていますので、結果はTrueとなります（図10）。

```
1    str = 'totocalcio'
2    r = 'x' in str
3    print r
```

としてxが含まれているかどうかを調べれば、結果はFalseとなるでしょう。

▷ for ステートメントと組み合わせ

forステートメントと組み合わせることで、文字列を構成する文字の一つひとつに同じ処理を行うことができます。

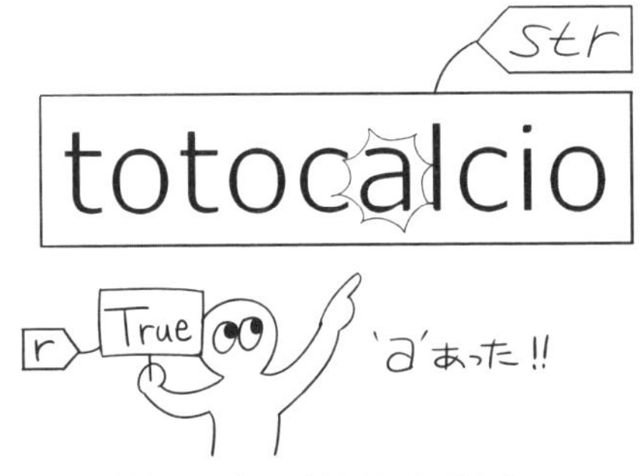

図10　変数strの中にaが含まれているのでTrue

```
1    str = 'totocalcio'
2    for c in str:
3        print c
```

上記の例では、変数strにtotocalcioを代入し、つづいてforステートメントでstrに含まれる文字を一つひとつ取り出して変数cに代入し、printでcの内容を出力します（図11）。1文字をprintするたびに改行が行われて、totocalcioの文字が縦に並んで表示されるでしょう。forステートメントについては、後で詳しく学習します（P.38）。

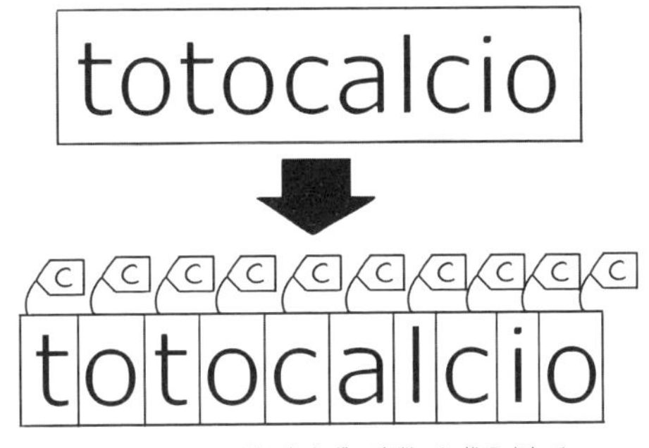

図11　totocalcioが1文字ずつ変数cに代入される

▷ インデクシング

以下の例では、変数JにJanuaryを代入し、つづいて角括弧[ ]を使って0番目の文字を取り出してprintで出力します。0番目というのは先頭のことです。

```
1    J = 'January'
2    C = J[0]
3    print C
```

その結果は、もちろんJとなります。文字列の先頭は、0という**インデックス**で指定することができるのです。その次は1、さらにその次は2というふうに指定できます。

```
1    J = 'January'
2    C = J[1]
3    print C
```

この例ではaを出力します。このようにインデックスを使用して文字列の位置を指定することを**インデクシング**と呼びます。インデックスの値は0から始まりますので末尾の文字のインデックスは文字数より1つ少なくなります。また、Pythonでは、負の値を使うこともできます。以下の例で試してみましょう。

```
1    w = 'architecture'
2    c = w[-1]
3    print c
```

結果は、末尾のeとなります。このように負のインデックスは末尾から逆に数えたインデックスの数え方を意味します。その数え方については、図12のように理解するといいでしょう。つまり、この例では、0を指定するとa、2を指定するとcを指し示したことを意味します。-1ならe、-2ならrです。

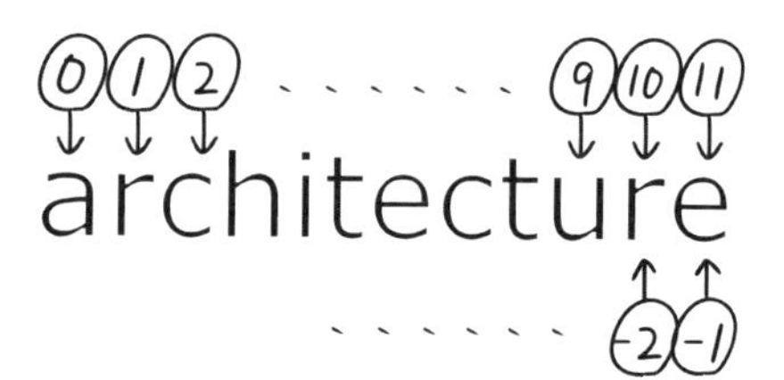

図12 インデックスの数え方

▷ **スライシング**

文字列には、スライシングという操作をすることもできます。以下の例で試してみましょう。

```
1    w = 'architecture'
2    s = w[5:8]
3    print s
```

インデクシングと似ていますが、コロン（:）を使って範囲を指定しています。この例では、文字列wのインデックス5からインデックス8の手前までにある部分を取り出して変数sに代入していますから、結果は、tecとなります。スライシングでは、:の左右に書くべきインデックスを省略することができます。例えば、s = w[:]とすれば文字列の先頭から末尾までが抽出されます。つまり、文字列全体をコピーしていることになります。また、w[:3]のように範囲の最初を省略すると先頭からインデックス3の手前までを意味しますし、w[3:]のように範囲の最後を省略するとインデックス3から末尾までを意味することになります。さらに、w[1:10:2]のように3つ目のインデックスを使うと飛び飛びに指定することができます。この例では1つおきに抽出が行われます。

文字列'python'の先頭のpを大文字のPに変更したいとしたら、どのようにすればいいでしょうか。次のように書くとエラーになってしまいます。

```
1    n = 'python'
2    n[0] = 'P'
3    print n
```

一見よさそうに思われますが、文字列は不変性のオブジェクトなので、このような代入によって変更することができないのです。このような場合、以下のように変更することはよく行われる方法です。

```
1    n = 'python'
2    n = 'P' + n[1:]
3    print n
```

すなわち、大文字のPと文字列の1番目以降を演算子+で連結するやり方です。スライシングを使って1番目以降を取り出しています。

▷**文字列のメソッド**

また、文字列のメソッドであるreplace()を使って要素を変更することもできます。メソッドとは特定のオブジェクトが備えている機能のことです。

```
1    n = 'rhino'
2    n = n.replace('r', 'R')
3    print n
```

この例では、nと名付けた文字列のreplace()という機能を呼び出すためにドット(.)を使ってn.replace()と書いています。その結果、小文字のrが大文字のRに置き換えられます(P.28図13)。replace()のほかにもいくつかのメソッドが用意されています。find()、upper()、split()、join()などはその代表的なものです(P.28図14)。以下の例で順番にその使い方を見てみましょう。

```
1    n = 'rhino'
2    where = n.find('i')
3    print where
```

この例で、find()は文字iを探して、その位置を返します。結果は2ですね。

```
1        n = 'rhino'
2        cap = n.upper()
3        print cap
```

upper()はすべてを大文字に変換します。この例では、RHINOという文字が返されて変数capに代入されます。次の例で、split()は文字iの前後を分割します（図15）。結果は、['rh', 'no']となります。

```
1        n = 'rhino'
2        parts = n.split('i')
3        print parts
```

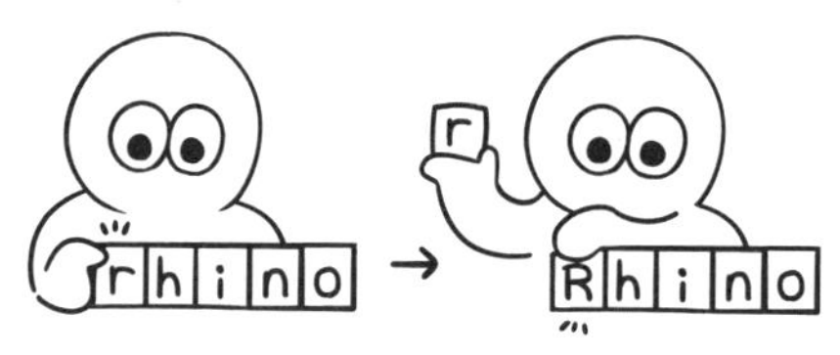

図13 replace()で文字を置き替える

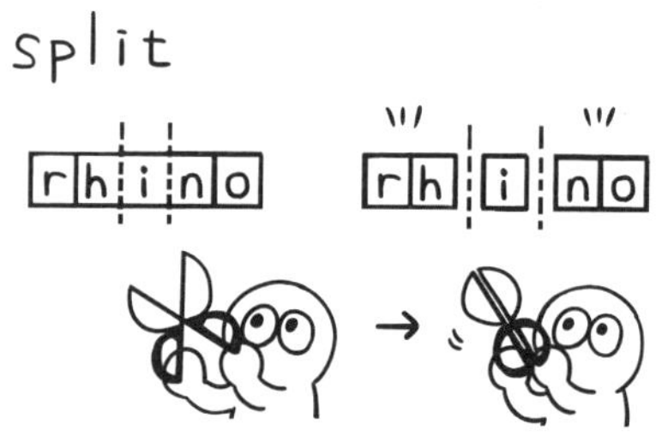

図15 split()で文字列を分割する

図14 文字列のメソッドにはさまざまな種類がある

リストの操作

リストの操作の基本を見ていきましょう。まずは、リストの長さを調べる方法です。この例では、リストaの長さをlen()関数で調べて、その結果を変数lengthに代入しています。結果は5となるでしょう。

```
1	a = [1, 2, 3, 4, 5]
2	length = len(a)
3	print length
```

リストに対して演算子を使うこともできます。

```
1	a = ['Dona'] * 4
2	print a
```

この例では、'Dona'という要素を持ったリストに対して演算子*を使っています。結果は、['Dona', 'Dona', 'Dona', 'Dona']となるでしょう。

▷ for ステートメントとの組み合わせ

forステートメントとの組み合わせも、よく使う書き方です。

```
1	a = [2, 4, 6, 8, 10]
2	for x in a:
3	    print x
```

この例では、リストaの要素が1つずつ抽出されてxに代入されます。縦に2 4 6 8 10が並んで表示されますね。

▷ in 演算子との組み合わせ

特定の要素がリストに含まれるかどうかを調べることもできます。

```
1	a = [2, 4, 6, 8, 10]
2	result = 9 in a
3	print result
```

この例では、リストaの中に9があるかどうかを調べます。その結果が、変数resultに代入されますから、この場合はFalseと出力されるでしょう。

▷インデクシングとスライシング

リストの位置を指定するインデクシングの操作もできます。

```
1    fruit = ['apple', 'banana', 'grape', 'lemon']
2    c = fruit[2]
3    print c
```

この例では、リスト`fruit`からインデックス2を使って要素を抽出します。先頭は0ですから、取り出されるのは`grape`となります。範囲を指定するスライシングの操作も可能です。

```
1    fruit = ['apple', 'banana', 'grape', 'lemon']
2    d = fruit[1:]
3    print d
```

この操作で、`banana`、`grape`、`lemon`が抽出されて、新しいリストができます。ところで、リストは可変性のオブジェクトですから、インデックスを指定して直接に要素を変更することができます。

```
1    fruit = ['apple', 'banana', 'grape', 'lemon']
2    fruit[1] = 'melon'
3    print fruit
```

この例では、`banana`が`melon`に変更されて`['apple', 'melon', 'grape', 'lemon']`が出力されます。

▷マトリクス

リストの要素をさらにリストとすることで、マトリクス（行列）を作ることもできます。

```
matrix = [[1, 2, 3], [4, 5, 6], [7, 8, 9]]
```

この例では、3行3列の正方マトリクスを作って変数`matrix`に代入しています。このマトリクスの最初の行（0行）を抽出したいなら、以下のようにします。

```
1    matrix = [[1, 2, 3], [4, 5, 6], [7, 8, 9]]
2    line = matrix[0]
3    print line
```

この結果、[1, 2, 3]が出力されるでしょう。要素6は、1行目の2列目の要素ですから、インデックスは[1][2]となります。したがって、以下のようにして要素を取り出せば、6が表示されるでしょう。

```
1    matrix = [[1, 2, 3], [4, 5, 6], [7, 8, 9]]
2    element = matrix[1][2]
3    print element
```

▷**リストのメソッド**

リストにも、いくつものメソッドが用意されています。append()、sort()、reverse()、extend()、pop()はその代表的なものです。

```
1    fruit = ['grape', 'lemon', 'apple', 'banana']
2    fruit.append('melon')
3    print fruit
```

この例では、append()メソッドを使って要素'melon'を追加しています。結果は、['grape', 'lemon', 'apple', 'banana', 'melon']となるでしょう。

```
1    fruit = ['grape', 'lemon', 'apple', 'banana']
2    fruit.sort()
3    print fruit
```

sort()メソッドは、アルファベット順に並べ替えます。結果は、['apple', 'banana', 'grape', 'lemon']となるでしょう。

```
1    fruit = ['grape', 'lemon', 'apple', 'banana']
2    fruit.reverse()
3    print fruit
```

reverse()メソッドは、順序を逆にします。結果は、['banana', 'apple', 'lemon', 'grape']となるでしょう。

```
1    fruit = ['grape', 'lemon', 'apple', 'banana']
2    fruit.extend(['cherry', 'peach'])
3    print fruit
```

extend()メソッドは、別のリストを付け加えます。結果は、['grape', 'lemon', 'apple', 'banana', 'cherry', 'peach']となるでしょう。

```
1        fruit = ['grape', 'lemon', 'apple', 'banana']
2        p = fruit.pop(2)
3        print p
4        print fruit
```

pop()メソッドは、インデックスで指定された要素を取り出します。この例では'apple'が取り出されて変数pに代入され、その結果、リストfruitは要素が1つ減って['grape', 'lemon', 'banana']となります。

ディクショナリの操作

以下のディクショナリを例として、いくつかの操作を見ていきましょう。

```
country = {'Japan':81, 'Germany':49, 'Thailand':66, 'Italy':39}
```

'Japan'や'Germany'などはキーと呼ばれ、それに対応する81や49などは値と呼ばれます（P.16）。また、キーと値を組にしてアイテムと呼びます。まず、ディクショナリの長さを調べるには、次のようにlen()関数を使います。結果は、4ですね。

```
print len(country)
```

どんなアイテムが含まれているのかを調べるには、items()メソッドを使います。結果は、[('Italy':39), ('Thailand':66), ('Germany':49), ('Japan':81)]となります。順番が変わることがありますが、キーとアイテムの関係は変わりません。

```
print country.items()
```

どんなキーが含まれるかを調べるには、keys()メソッドを使います。結果は、['Italy', 'Thailand', 'Germany', 'Japan']です。

```
print country.keys()
```

値を調べるには、values()メソッドを使います。結果は、[39, 66, 49, 81]です。

```
print country.values()
```

▷ **要素の変更**
　また、ディクショナリは可変性のオブジェクトですから、直接に変更が可能です。

```
country['Holland'] = 30
```

と書くと新しいキー`'Holland'`と値30を組にした新しいアイテムができます。さらに、このアイテムを修正するなら、

```
country['Holland'] = 31
```

のようにして変更することができます。もし、`'Italy'`というアイテムを削除したいなら、

```
del country['Italy']
```

とすれば、その部分はディクショナリからなくなります。

4 ステートメント

ステートメントは、そのプログラムがどのようにふるまうかというシナリオを書くためのものです。ステートメントを組み合わせることで、そのプログラムが実行する処理の流れが決まります。すでに、=を使った代入やprintなどといったステートメントを使ってきましたが、Pythonには、さらにif、for、while、break、continueなどのステートメントがあります。ここでは、これらのステートメントについて詳しく見ていきましょう。

代入ステートメント

代入ステートメントは、すでに何度も使ってきましたが、あらためて少し詳しく見てみましょう。まず最も基本的なのは、

```
val = 123.456
```

のようなものでしょう。このように、代入ステートメントは右側の値（オブジェクト）を左側の変数に代入します。Pythonでは代入先の変数にオブジェクトのリファレンス[1)]が保持されます。変数は、あらかじめ宣言する必要はなく、値を代入すると作成されます。したがって、値の代入されていない変数を使用することはできません。以下のような代入も可能です。

```
Fujiyama, Everest = 3776, 8850
```

これは、**タプル代入**と呼ばれる代入です。変数と値の順序にしたがって代入先が決まります。同様に、

```
[Fujiyama, Everest] = [3776, 8850]
```

は、**リスト代入**と呼ばれます。複数の変数に一度に代入する方法もあります。これを**マルチターゲット代入**と呼びます。

```
1    Pumpkin = Radish = Onion = 'Vegetable'
2    Apple = Banana = 'Fruit'
3    print Onion, Apple
```

最後に、**拡張代入ステートメント**と呼ばれる代入の一例を見てみましょう。

```
1    x = 100
2    x + = 1
3    print x
```

この結果は101となります。すなわち、x + = 1はx = x + 1と同じ意味になるのです。同様に-、*、/、%、**の演算子を使った拡張代入ステートメントがほかにも用意されています。

x += y、x -= y、x *= y、x /= y、x %= y、x **= y は、それぞれ x = x + y、x = x - y、x = x * y、x = x / y、x = x % y、x = x ** y と同じ意味です。

註
1) メモリ空間上での所在を指し示すデータ。

if ステートメント

ifステートメントは、プログラムの処理の流れをコントロールするために使われるステートメントです。ifステートメントを使うと、状況に応じて動作を幾通りにも変えることができます。基本的なifステートメントは、次のような形式で書かれます。

```
if <test>:
    <statements>
```

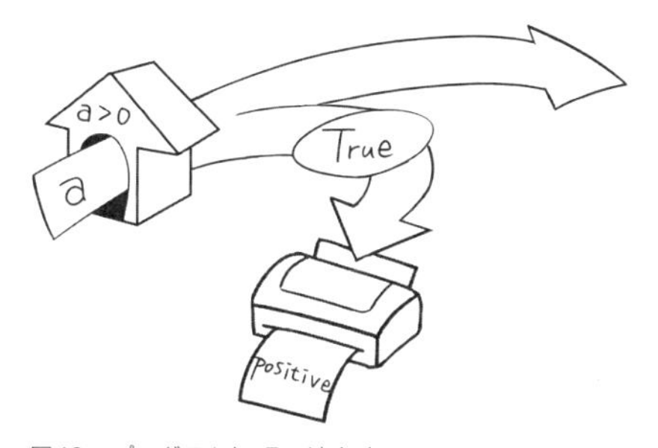

図16　プログラム処理の流れをコントロールするifステートメント

<test>の部分に書かれた式が真（True）であるか、偽（False）であるかを評価します。この行の末尾にはコロン（:）があり、以下につづく行の見出しであることを示しています。次の行には、字下げ（インデント）の後に実行すべき処理<statements>がつづき、見出しに属するブロックであることを示しています。字下げには通常タブを使うことが多いようですが、空白が何文字であってもかまいません。ただし、同じブロックに属することを示すために、字下げは統一されていなければなりません。Rhino Python Editorでは、コロン（:）の次の行は自動的にタブが挿入されて統一された字下げが行われます。以下に簡単な例を示します。

```
1    a = 24
2    if a > 0:
3        print 'positive'
```

変数aの値を24として、ifステートメントで、変数aの値が0より大きいかどうか調べています。この場合にはもちろん正ですから、結果は真（True）となって、その次の行に書かれたブロックのprintが実行され、結果としてpositiveという文字が出力されます。以下のように変数aの値を-24とすれば、

```
1        a = -24
2        if a > 0:
3            print 'positive'
```

何も出力されないでしょう。基本的なifステートメントには次のような形式もあります。

```
if <test_1>:
  <statements_1>
else:
  <statements_2>
```

<test_1>の結果が真（True）なら、<statements_1>が実行され、そうでないときはelseのブロックの<statements_2>が実行されます。具体的な例は、以下のようなものです。

```
1        a = -24
2        if a > 0:
3            print 'positive'
4        else:
5            print 'negative or zero'
```

この例では、aが正ならpositiveという文字が出力され、それ以外のときはnegative or zeroが出力されるように書かれています。aは-24ですから結果としてnegative or zeroが出力されます。もう一つ、elifを使う方法もあります。その基本的な形式は、以下のようなものです。

```
if <test_1>:
  <statements_1>
elif <test_2>:
  <statements_2>
else:
  <statement_3>
```

<test_1>の結果が真（True）なら、<statements_1>が実行され、偽（False）のときはelifのところに示された<test_2>の真偽を調べます。<test_2>の結果が真（True）なら、

<statements_2>が実行され、そうでないときはelseのブロックの<statements_3>が実行されるというものです。具体的な例は、以下のようなものです。aの値を変えていろいろ試してみましょう。

```
1    a = 0
2    if a > 0:
3        print 'positive'
4    elif a != 0:
5        print 'negative'
6    else:
7        print 'zero'
```

while ステートメント

whileステートメントは、同じ処理を繰り返し行うときに使用されるステートメントです。whileステートメントの基本的な書き方は次のようなものです。

```
while <test>:
    <statement_1>
else:
    <statement_2>
```

<test>の部分には条件判定のための式を書きます。これは見出し行であり、末尾にコロン（:）を書いて以下がブロックであることを示します。次の行は字下げがあり、つづけて繰り返し実行すべき処理を書きます。場合によっては、elseブロックを伴うこともあります。このブロックは、見出し行に書かれた条件が満たされなくなってループが終了するときに実行されます。簡単な例から始めましょう。

```
1    string = 'abcdefghijklmn'
2    while string:
3        print string
4        string = string[1:]
```

この例では、まず変数stringに文字列abcdefghijklmnが代入されます。whileの条件判定では、変数stringに文字が詰まっていて空ではありませんので真（True）となって、ブロックの内部が実行されます。内部では、まずprintで現在の文字列が出力されます。つづいて、スライシングで2番目の文字以降があらためて変数stringに代入されます。つまり、先頭の文字が1つ削除されます。このような具合に繰り返しが行われ、先頭の文字からだんだん削除されていきます。変数stringが空になるとループが終了します。次のように、elseを使う方法もあります。空になればelseの部分が実行されてcompleteの文字が出力されます。

```
1	string = 'abcdefghijklmn'
2	while string:
3	    print string
4	    string = string[1:]
5	else:
6	    print 'complete'
```

breakは、途中でループを抜け出したいとき使います。次の例では、乱数を使っています。そのためにimport randomと書いて乱数のモジュールをインポートすることから始めました。whileの判定条件は常に1すなわち真（True）ですからループは永遠に回り続けそうですが、ifステートメントで乱数が10であった場合breakが実行されてループを抜け出すようになっています。

```
1	import random
2	while 1:
3	    r = random.randint(1, 10)
4	    print r
5	    if r == 10: break
```

for ステートメント

forステートメントは、forループとも呼ばれ、例えばリストの要素1つずつに順番にアクセスするようなコードを書く際に使用します。文字列やタプルなどでも同じようにforループを使って、その要素の1つずつに順番にアクセスすることができます。forループの基本的な構造は次のようになっています。

```
for <target> in <object>:
    <statement>
```

第1行目はforで始まり、代入ターゲットと呼ばれる変数を次に書きます。以下の例では、xがターゲットです。つづけてinと書いて、その後にオブジェクトを指定します。この例ではvecです。このステートメントによって、指定されたオブジェクトの構成要素が、代入ターゲットに1つずつ順に代入されていきます。この行の末尾はコロン（:）で、見出し行であることを示しています。次の行は、字下げをしてブロックであることを示します。このブロックをボディと呼ぶことがあります。代入ターゲットに代入された要素の1つずつに対して、ボディ部分に書かれたステートメントの処理が繰り返し行われます。この例を実行すると、要素の合計122が出力されるでしょう。

```
1        s = 0
2        vec = [2, 4, 5, 16, 15, 32, 48]
3        for x in vec:
4            s = s + x
5        print s
```

`else`を伴った次のような構造も可能です。

```
for <target> in <object>:
  <statement_1>
else:
  <statement_2>
```

以下は、この構造の一例です。

```
1        vec = [2, 4, 5, 16, 15, 32, 48]
2        c = 0
3        for x in vec:
4            print x
5            if x < c: break
6            c = x
7        else:
8            print 'complete'
```

この例では、2、4、5、16、15が出力されて終了します。`x`が15となったとき、`for`ブロックの中にある`if`ステートメントで`x < c`の判定が真（`True`）となり、`break`が実行されて`for`ループが終了するからです。一方、リストの要素を少し変更した以下の例では、最後に`complete`と出力されて終了します。

```
1        vec = [2, 4, 5, 16, 17, 32, 48]
2        c = 0
3        for x in vec:
4            print x
5            if x < c: break
6            c = x
7        else:
8            print 'complete'
```

このように、elseブロックはすべての要素についてアクセスが行われたときのみ処理されるのです。以下の例のように、タプルについても同様に、要素が順番に取り出されます。

```
1    basket = ('apple', 'banana', 'peach', 'grape')
2    for fruit in basket:
3        print fruit
```

以下のような文字列についても同様です。

```
1    string = 'blue sky'
2    for c in string:
3        print c
```

入れ子になったリストの場合、以下のような書き方もできます。

```
1    T = [[1, 2], [3, 4], [5, 6]]
2    for (a, b) in T:
3        print (a, b)
```

range()関数と組み合わせて使うこともしばしばあります。以下の例は、単純に0から4までを出力します。range(5) は、[0, 1, 2, 3, 4]を生成するからです。

```
1    for i in range(5):
2        print i
```

以下の例では、1から4までを出力します。range(1, 5)は、[1, 2, 3, 4]を生成するからです。

```
1    for i in range(1, 5):
2        print i
```

以下の例では、1、3を出力します。3つ目の引数を使って、飛び飛びに生成するように指定したからです。この例のように、3つ目の引数を2とすると1つおきの数列を生成します。

```
1    for i in range(1, 5, 2):
2        print i
```

print ステートメント

printステートメントについては、これまで詳しい説明もせずに使ってきました。printは、オブジェクトを出力するときに使うステートメントです。ここでは、ファイル出力の方法を見てみましょう。以下の例は、basket.txtという名前のファイルに出力するサンプルです。

```
1    import sys
2
3    temp = sys.stdout
4    sys.stdout = open('basket.txt', 'w')
5    print 'apple', 'banana', 'grape', 'orange', 'peach'
6    sys.stdout.close()
7    sys.stdout = temp
```

この例では、まずsysという名前のモジュールをインポートしています。すると、sys.stdoutという名前の出力先を操作することができるようになります。準備ができたところで、標準の出力先sys.stdoutを変数tempに代入して記録しておきます。次に、sys.stdoutをopen()関数を使って変更します。この例では、引数でbasket.txtというファイル名を指定しています。また、ファイルに書き込むという意味でwriteの頭文字であるwも指定します。これでファイル出力の準備ができましたので、あとはprintステートメントで書き出すだけです。この例では、appleなどを書き出しました。書き出しが終了したら、sys.stdout.close()という関数でファイルを閉じます。最後に、記録しておいた標準の出力先tempをもとに戻して終了です。以下の方法も、前述のコードと同一のファイルを作ることができますので、大変有効な方法です。

```
1    file = open('showcase.txt', 'w')
2    print >> file, 'apple', 'banana', 'grape', 'orange', 'peach'
3    file.close()
```

5 関数

関数というのは、1つ以上のステートメントを組み合わせて作るプログラムの構成単位のことです。一度書いておけば何度でも繰り返し実行ができます。これまでに、Pythonに用意されたいくつかのビルトイン関数[1]を使ってきました。len()、print()、int()、float()、round()、random()、range()などです。例えば、len()は文字列やリストの長さを調べるのに使う関数です。len('apple')は処理の結果として整数5を返してきます。range(5)は、リスト[0, 1, 2, 3, 4]を返してきます。range(1,5)は[1, 2, 3, 4]を返してきます。括弧()の中に指定された値は**引数**または**パラメータ**と呼ばれます。関数は、このように引数を受け取り、処理をして、その結果を呼び出し側に返します。こうして返る値を**返り値**と呼びます。len('apple')では、len()という関数に'apple'という引数を渡しています。len()は渡された文字列の文字数を数えて、その結果として整数5を返します。比較的簡単な処理ですが、それでも1つ以上のステートメントを組み合わせてできているだろうということが予測できます。range()はもう少し複雑かもしれません。これらの例のように、よく使う処理や機能を明確な役割を持った単位としてまとめておくと、引数を与えるだけで何度でも繰り返して利用することができます。また、大きくて複雑な処理を小さく分割して扱いやすくすることもできます。これが関数の役割であるともいえるでしょう。自作の関数を作ってみましょう。

註
1) 組み込み関数ともいいます。基本的な演算処理を行うためにあらかじめ用意されている関数です。

関数の定義

まず、関数を定義するためのコードから始めましょう。以下に示すのは、長方形の面積を計算するためのコードです。辺の長さaとbを引数として渡すと、その積を計算して面積sを返すという機能を備えた関数です。ただし、定義したままでは具体的な計算は始まりません。

```
1    def area(a, b):
2        s = a * b
3        return s
```

defで始まる行は、見出し行です。これをdef(define)ステートメントと呼びます。これに続けて関数名を書きます。この例では、areaとしました。括弧()の中には引数を指定します。この例では、aとbの2つですが、一般にはもっと沢山ある場合も、あるいは1つもない場合もあります。defステートメントの末尾はコロン(:)です。次の行からの字下げされたブロックは関数の**ボディ**と呼ばれます。ボディには、処理の内容が記述されます。必要な処理を記述して、多くの場合にreturnで終わります。returnステートメントは、ボディのどこに書いてもいいのですが、returnステートメントが実行されると、そこで処理は終了し、returnで指定された値が呼び出し側に返されます。この例では、面積sが返されています。したがって、関数は一般に以下のような型をしています。

```
def <name>(arg1, arg2, ………):
    <statement_1>
    <statement_2>
    <statement_3>
        ⋮
    return <value>
```

関数の呼び出し

defステートメントを使って関数が定義されていると、その関数を呼び出して利用することができるようになります。関数の呼び出しには、関数名と引数を指定します。例えば前述の例で、縦5.3cmで横2.8cmの長方形の面積を計算するなら次のように関数areaを呼び出します。

```
area(5.3, 2.8)
```

このように書くことによって、定義されているareaという関数に5.3と2.8の値が渡され、面積の計算が終了するとその結果が返されます。その返された結果を変数rへ代入したいなら、

```
r = area(5.3, 2.8)
```

とします。関数の定義と呼び出しをまとめてもう一度書くと以下のようになります。

```
1    def area(a, b):
2        s = a * b
3        return s
4
5    r = area(5.3, 2.8)
6    print r
```

面積の計算が実行されて14.84が出力されるでしょう（P.44図17）。簡単な例をもう一つ見てみましょう。以下に示すのは、リストを受け取って、そこに含まれる点数を合計し、さらに平均値を計算して返す

関数です。

```
1   def avg(a):
2       s = 0
3       for x in a:
4           s = s + x
5       v = s / len(a)
6       return v
7
8   score = [90, 87, 68, 87, 80]
9   a = avg(score)
10  print a
```

関数名を、avgと定義し、引数はリストaの一つとしています。関数のボディには、総和を求めるための変数s、リストから要素を1つずつ取り出すための変数x、平均値を代入するための変数vが使われています。s = 0は総和を求めるための初期化です。forループを使って要素を取り出し、その都度sに加算していきます。ループが終了したらリストの長さで割れば、平均値を計算することができます。最後に、平均値vを返します。ここでは平均点82.4が出力されますね。

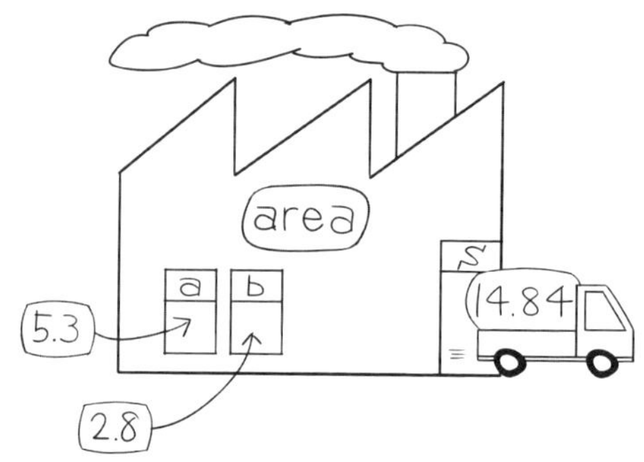

図17 よく使う処理や機能をまとめた関数はまるで下請工場のよう

ところで、関数のボディで使っているsやvを関数の外で参照してprintなどに使用しようとするとどうなるでしょうか。結果はエラーです。これは、sやvが関数の中だけで有効な変数だからです。これらは、**ローカル変数**と呼ばれます。このように、変数は有効となる範囲が限られています。この範囲を**スコープ**と呼び、これはその変数がどこで値が代入されたかによって決まります。関数では、その関数独自の**名前空間**が作られ、それぞれの変数はその範囲でのみ有効となります。一方、この例のscoreのような変数は**グローバル変数**と呼ばれ、関数の内外どこからでも参照することができます。

6 オブジェクト指向プログラミング

Pythonで扱うあらゆるものがオブジェクトであることは、すでに述べた通りです。リストや文字列などはビルトインオブジェクトの一例です（P.16）。例えば、文字列のデータは、一般に複数の文字を一定の順序に並べて保持していて、また、その一部を別の文字列で置き換える操作など、いくつかのメソッドも備わっています。このようにデータと機能が一体となっているという点がオブジェクトの特徴ですが、Pythonではこのようなデータと機能とが一体となったデータ型を自分で新しく作ることができます。

クラスとインスタンス

このことを理解するために、Diceという名前の新しい型を作ってみましょう。これは一種のサイコロですが、ここでは6面体の普通のサイコロではなく、拡張された多面体サイコロとしてみました。型のことを**クラスオブジェクト**（クラス）とも呼びます。クラスを作るには、以下のようにclassステートメントを使用します。なお、乱数を使うためにrandomモジュールをインポート（import）してから始めています。

```
1   import random
2
3   class Dice:
4       def __init__(self, name, val = 6):
5           self.face_num = val
6           self.nickname = name
7       def shoot(self):
8           p = random.randint(1, self.face_num)
9           return p
10
11  dice_1 = Dice('hexa')
12  dice_2 = Dice('octa', 8)
13  dice_3 = Dice('poly', 36)
14
15  print dice_1.nickname, dice_1.shoot()
16  print dice_2.nickname, dice_2.shoot()
```

classに続けて、クラス名を指定します。この例ではDiceがクラス名です。見出し行の末尾はコロン（:）です。このクラスには、2つの関数が含まれています。__init__という名前の関数は、初期化メソッドと呼ばれます。__はアンダースコア（_）をつづけて2つ使います。初期化メソッドの名前は、必ず__init__でなければなりません。また、引数の1つ目は、必ずselfとします。selfにはインスタンスオブジェクト（インスタンス）が渡される決まりになっているからです。2つ目以降は、任意の引数です。この例では、nameにサイコロのニックネームを渡すことを想定しています。また、valにはサイコロの面の数を渡すことを想定しています。この例ではval = 6としていますので、特に指定しない限り6面体の普通のサイコロということになります。このように、代入演算子でデフォルト値を指定しておくこともできるのです。引数として渡されたvalの値は、インスタンスのface_numに代入され、またnameは、同じインスタンスのnicknameに代入されます。「同じインスタンスの」という意味をself.で表現していると考えるといいでしょう。2つ目の関数は、shoot()です。クラス中の関数は、一般にメソッドと呼ばれます。メソッドでも引数の1つ目は必ずselfです。このshoot()というメソッドでは、1～self.face_numの間の任意の整数をrandom.randint()[1]を使って生成してpに代入し、return pで呼び出し側に返しています。

classステートメントが実行されると、クラスオブジェクトが作られて、そのオブジェクトが見出し行で指定されたクラス名に代入されます。この例ではDiceという名前の付いたクラスオブジェクトができるわけです。クラスを呼び出すと、そのたびに新しいインスタンスが作られます。この例では、まず引数としてhexaという文字列を1つ指定してDiceという名前のクラスが呼び出され、そのインスタンスにdice_1という名前を付けています。2つ目の引数を省略しましたので、valの値はデフォルトの6に設定されます。次は、octaというニックネームと8面体をしたサイコロであることを指定してサイコロをもう1つ作り、正式な名前をdice_2としました。最後に、polyというニックネームと36面体であることを指定してもう1つ作り、正式な名前をdice_3としました。

dice_1という名前のサイコロを振るには、dice_1.shoot()と書きます。こうするとdice_1という名前のインスタンスのメソッドであるshoot()関数が実行されます。dice_1は6面体サイコロですから、1～6のどれかの数がランダムに返ってくるのです。dice.nicknameにはサイコロのニックネームが格納されていますので、print dice_1.nickname, dice_1.shoot()とすると、サイコロのニックネームhexaと1～6のどれかの数が出力されるでしょう。dice_2についても同様です。dice_3はサイコロを作っただけで、まだ振っていないということになります。

註
1）random.randint()は整数値の乱数を生成する関数。
引数はそれぞれ乱数の下限値と上限値です。

サブクラス

クラスをもとにして、**サブクラス**を作ることができます。サブクラスでは、もとのクラスのコードを変更することなく、属性や機能を追加・変更することができます。すなわち、サブクラスを作ることによって、もとになるクラスを継承し、さらに追加や変更を行ってカスタマイズすることができるのです。前述の

Diceクラスのサブクラスを作ってみましょう。

サブクラスを作るには、classステートメントの見出し行の括弧の中にスーパークラス（もとになるクラス）の名前を書きます。この例では、Diceクラスを継承したいので11行目の括弧の中にはDiceと書かれています。新しいクラスの名前はNewDiceです。NewDiceクラスは、スーパークラスであるDiceクラスを継承しますので、初期化メソッドとshoot()メソッドは既に備わっているクラスになるはずです。これに加えて、display()というメソッドを追加してみます。このメソッドは、ニックネームとともに任意の数を1つ出力します。もとのDiceクラスも含めたすべてのコードは以下のようになります。

```
1    import random
2
3    class Dice:
4        def __init__(self, name, val = 6):
5            self.face_num = val
6            self.nickname = name
7        def shoot(self):
8            p = random.randint(1, self.face_num)
9            return p
10
11   class NewDice(Dice):
12       def display(self):
13           print self.nickname, self.shoot()
14
15   newdice_a = NewDice('casino', 12)
16   newdice_a.display()
```

NewDiceクラスのインスタンスを作るには、引数を指定して以下のようにクラスを呼び出します。

```
NewDice('casino', 12)
```

この例では、このインスタンスにnewdice_aという名前を付けました。このサイコロを振ってその数を表示するには、メソッドdisplay()を使うことができますので、

```
newdice_a.display()
```

とするだけです。結果は、

```
casino 8
```

などと表示されるでしょう。もう一つメソッドを追加してみましょう。今度は、出た数が奇数か偶数かということも表示するメソッドです。サイコロをもともと備えていたメソッド`shoot()`を使って1度振り、2で割った余りが0なら偶数（even）、そうでないなら奇数（odd）とします。最後の`print`でニックネームと数、さらに奇遇のどちらかを表示します。コードは以下に示す通りです。

```
1   import random
2
3   class Dice:
4       def __init__(self, name, val = 6):
5           self.face_num = val
6           self.nickname = name
7       def shoot(self):
8           p = random.randint(1, self.face_num)
9           return p
10
11  class NewDice(Dice):
12      def display(self):
13          print self.nickname, self.shoot()
14      def oddOrEven(self):
15          p = self.shoot()
16          if p % 2 == 0:
17              r = 'even'
18          else:
19              r = 'odd'
20          print self.nickname, p, r
21
22  newdice_a = NewDice('casino', 12)
23  newdice_a.oddOrEven()
```

さらに拡張して、サイコロを2度振って、ニックネームとともに2つの数を出力するメソッドを追加してみると、理解がもう少し深まるかもしれません。

Chapter 2

Rhinoceros × Python

Rhinocerosでモデリングをするとき、
単純な同じ手続きを何度も繰り返す
必要が生じる場合があります。
あるいは、すでにあるモデルを解析して、
その結果に応じた操作を加えることも
しばしばあるでしょう。
一方、すでにあるモデルに修正を加えて
デザインを進化させたいという
要求もあるかもしれません。
あるいは、何もない状況から始めて、
何らかの計算によってモデルを生成する
というような場面もあるかもしれません。
こんなとき、プログラミングは
強力なツールとなるのです。
ここでは、モデルを記述するための
Rhinoのさまざまなコマンドを
Pythonのプログラムで制御するための
基本的な方法を解説します。
ここで学んだ
基本的な方法を組み合わせることで、
多様なアルゴリズムに
発展できるでしょう。

1 点

点の情報を取得する

Rhinocerosのドキュメントに描かれた点の情報を取得することから始めましょう。まず、図1のようにRhinoのコマンドを使って*x-y*平面上（Top）に点を2つ描いて準備します。次に、エディタ画面（Rhino Python Editor）を起動して（P.11）、以下のプログラムを作成してください。空白の行は、プログラムをブロックごとに見やすくするためのもので、プログラムの動作には影響しません。

```
1     import rhinoscriptsyntax as rs
2
3     point1 = rs.GetObject("Select first point", 1)
4     point2 = rs.GetObject("Select second point", 1)
5
6     p1 = rs.PointCoordinates(point1)
7     p2 = rs.PointCoordinates(point2)
8     dist = rs.Distance(point1, point2)
9
10    print p1
11    print p2
12    print dist
```

▶のデバッグ開始ボタンを押してデバッグを開始します。エラーがあれば入力ミスを修正してください。正しいプログラムならRhinoのコマンドエリア[1]に`Select first point`というプロンプト[2]が表示されているはずですから、これにしたがって準備した点をマウスの左クリックで1つ選択します。さらにプロンプトが次の点の選択を要求してきますので、もう一方の点も選択します。すると、エディタのメッセージエリアに2点の座標とその間の距離が図2のように表示されます。プログラムの各行は、次のような手順を順番に記述したものです。

1	Rhinoのモジュールをインポートして、`rs`という略称を付ける[3]。
3, 4	点の情報を取得し、それぞれを`point1`、`point2`と呼ぶ。
6, 7	点の情報からその座標を取り出し、それぞれを`p1`、`p2`と呼ぶ。
8	`point1`と`point2`の距離を測り、その値を`dist`と呼ぶ。
10-12	`print`を使って`p1`、`p2`、`dist`の値を出力する。

GetObject()は、Rhinoのドキュメントにある点や線などのオブジェクトからその情報を取得するための関数[4]です。これは、Rhinoのモジュールの一つですからrs.が先頭についています。括弧の中の最初のパラメータは、コマンドラインに表示されるメッセージです。ダブルクオーテーション(")で囲みます。2番目はフィルター[5]と呼ばれ、この場合の1は点を意味します。こうすると点以外のオブジェクトは選択できない仕組みになっています。PointCoordinates()は、点の座標を取り出す関数です。Distance()は点と点の間の距離を測る関数です。

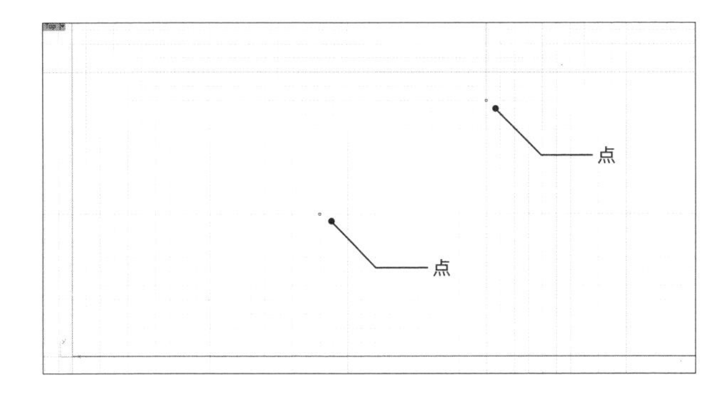

図1　Rhinoのコマンドを使ってTop画面に2つの点を描く。

```
18,10,0
30,18,0
14.4222051019
```

図2　表示された座標と距離

註

1) Rhinoのコマンドエリアは、初期設定では画面上部(メニューバーの下)にあります。

2) プロンプトとは、システムが入力を受け付けられる状態にあることを示すために表示される文字や記号です。

3) モジュール名は綴りの長いものもあり、また頻繁に記述するため、省略形を指定すると便利です。もちろん、省略しない場合もあります。

4) Rhinoのドキュメントに点を配置したり、線を描いたりするような操作は、rhinoscriptsyntaxモジュールにある関数を呼び出すことで実現します。関数に渡す引数は、点の位置であったり、図形の大きさだったりすることが多く、RhinoのHelp(Rhino Python Programmer's Reference)ではパラメータと呼ばれます。一方、返り値はリターン(Return)と呼ばれます。

5) Point、Point_cloud、Curve、Surface、Polysurface、Meshのためのフィルターは、それぞれ1、2、4、8、16、32です。詳細はRhino Python EditorのPython Helpを参照してください。

点を生成する

点を生成してみましょう。次のプログラムを作成して、▶のデバッグ開始ボタンを押してデバッグを開始します。正しくできていれば図3(P.52)のように3次元座標系の原点に点が1つ、さらに直線状に並んだ点群とsin波(正弦波)状に並んだ点群が生成されるでしょう。

```
1    import rhinoscriptsyntax as rs
2    import math as ma
3
4    rs.AddPoint(0, 0, 0)
5
```

```
6      for x in rs.frange(0, 20, 1):
7          rs.AddPoint(x, 0, 5)
8
9      for x in rs.frange(0, 20, 1):
10         y = 5 * ma.sin(ma.pi*x/10)
11         rs.AddPoint(x, y, 10)
```

プログラムの各行は、次のような手順を順番に記述したものです。

1	Rhinoのモジュールをインポートして、rsという略称を付ける。
2	数学モジュールmathをインポートして、maという略称を付ける。
4	原点に点を生成する。
6	変数xの値が0から20の範囲で1ずつ増加するループを作る。
7	ループの中で座標値(x, 0, 5)の位置に点を生成する。
9	変数xの値が0から20の範囲で1ずつ増加するループを作る。
10	ループの中で、y = 5 * ma.sin(ma.pi*x/10)の計算をする。
11	(x, y, 10)の位置に点を生成する。

三角関数を使うためにmathという数学モジュールもインポートしています。AddPoint()は点を生成する関数です。Rhinoのモジュールの一つですから、先頭にrs.を付けます。括弧の中のパラメータは3次元座標系の座標値です。frange()は、Rhinoのモジュールで、最初のパラメータは初期値、次は最終値、最後は増分を意味します。また、この関数は、実数にも対応しています。rs.AddPoint(x, 0, 5)は、xが0から20まで変化しますから、直線状に点が描かれます。sin(ma.pi*x/10)は三角関数のsin（サイン）です。数学モジュールの一つですからmaが先頭に付いています。括弧の中のパラメータは角度です。piも数学モジュールにある値で、円周率のπを示しています。この場合、xの値が0から20まで変化しますから、角度は0ラジアンから2πまで変化します。したがって、点はsin波状に描かれます。

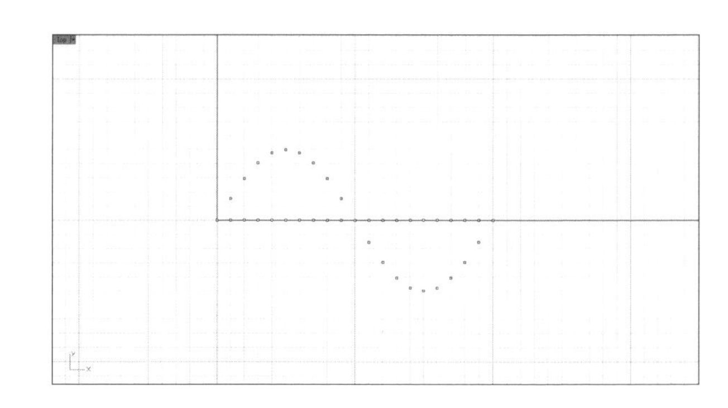

図3　Top画面上に生成された直線状に並ぶ点群とsin波状に並ぶ点群

点を円周に沿って配置する

さらに応用してみましょう。Rhinoのドキュメントに点を1つ描いて準備し（図4）、以下のプログラムを作成して、▶のデバッグ開始ボタンを押してデバッグを開始します。

```
1    import rhinoscriptsyntax as rs
2    import math as ma
3
4    id = rs.GetObject("Select a point", 1)
5    point0 = rs.PointCoordinates(id)
6
7    for theta in rs.frange(0, ma.pi*2, ma.pi/12):
8        vec = [5 * ma.cos(theta), 5 * ma.sin(theta), 0]
9        point = rs.PointAdd(point0, vec)
10       rs.AddPoint(point)
```

1, 2	Rhinoと数学モジュールをインポートして、それぞれrs、maという略称を付ける。
4	点の情報を取得してidと呼ぶ。
5	その点の座標値を取り出してpoint0と呼ぶ。
7	thetaの値が0からpi*2（2π）の範囲でpi/12（π/12）ずつ変化するループを作る。
8	そのループの中で、5 * ma.cos(theta), 5 * ma.sin(theta), 0の成分を持つベクトルを計算し、vecと呼ぶ。
9	point0からvecだけ離れた点を計算し、pointと呼ぶ。
10	pointの位置に点を生成する。

GetObject()関数を使って中心となる点を決めます。PointCoordinates()は座標値を取り出す関数です。中心点の周りに点を生成したいので、中心角をtheta（θ）として、これを0〜2πの範囲で

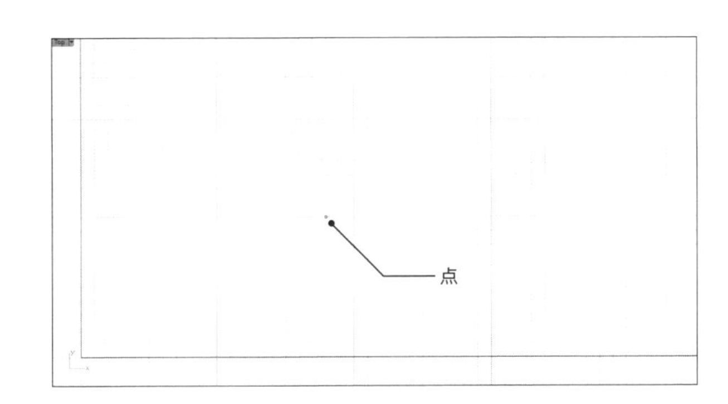

図4　RhinoのTop画面に点を1つ描く

π/12の間隔で増加するようfrange()を使います。円周率は数学モジュールにあるpi（π）です。したがって、ma.piとして参照します。中心角が決まったら半径5の円周上の点の[x, y, z]座標を各々[5cosθ, 5sinθ, 0]として計算し、vecという名前を付けます。PointAdd()は、点の足し算をする関数です。中心点point0と円周上の点vecの和を求めてpointとします。最後にAddPoint()を使ってそれらの点をRhinoのドキュメントに生成します（図5）。

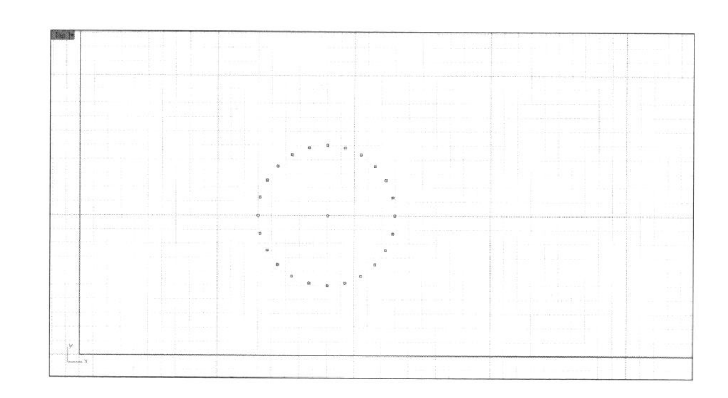

図5　円周に沿って配置された点群

点をスパイラル状に配置する

前述の例に2行を追加すると、スパイラルを生成できます（図6）。Rhinoのドキュメントに点を1つ描いて準備し、以下のプログラムを作成して、▶のデバッグ開始ボタンを押してデバッグを開始します。

```
1   import rhinoscriptsyntax as rs
2   import math as ma
3
4   id = rs.GetObject("Select a point", 1)
5   point0 = rs.PointCoordinates(id)
6
7   z = 0
8   for theta in rs.frange(0, ma.pi*2, ma.pi/12):
9       vec = [5 * ma.cos(theta), 5 * ma.sin(theta), z]
10      point = rs.PointAdd(point0, vec)
11      rs.AddPoint(point)
12      z = z + 1
```

7	高さを意味するzの値の初期値を0に設定する。
9	vecのz座標の値をzと呼ぶ。
12	点を1つ生成するたびにzの値が1ずつ増加する。

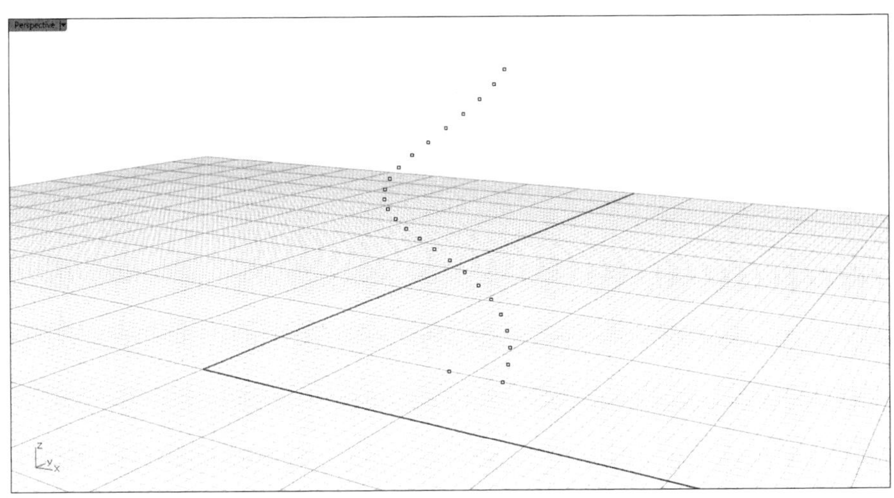

図6　スパイラル状に配置された点群

2 曲線

曲線の情報を取得する

Rhinoのドキュメントに描かれた曲線の情報を取得することから始めましょう。まず、図7のようにRhinoのコマンドを使って*x-y*平面上（Top）に曲線を描いて準備します。次にRhino Python Editorを起動して以下のプログラムを作成して、▶のデバッグ開始ボタンを押してデバッグを開始します。

```
1   import rhinoscriptsyntax as rs
2
3   curve = rs.GetObject("Select a curve", 4)
4
5   length = rs.CurveLength(curve)
6   domain = rs.CurveDomain(curve)
7   t = (domain[1] + domain[0]) / 2
8   midpoint = rs.EvaluateCurve(curve, t)
9   tangent = rs.CurveTangent(curve, t)
10  normal = rs.CurveNormal(curve, t)
11
12  print "length = ", length
13  print "domain = ", domain[0], domain[1]
14  print "co-ordinates of mid point = ", midpoint
15  print "tangent vector = ", tangent
16  print "normal vector = ", normal
```

1	Rhinoのモジュールをインポートして、`rs`という略称を付ける。
3	曲線の情報を取得し、それを`curve`と呼ぶ。
5	`curve`の長さを測って、その値を`length`と呼ぶ。
6	`curve`のパラメータ領域を調べて、その値を`domain`と呼ぶ。
7	領域の終点の値から始点の値を引き、2で割ることによって中央のパラメータを求め、その値を`t`と呼ぶ。
8	`curve`上のパラメータ`t`で与えられる点の3次元座標値を計算し、その値を`midpoint`と呼ぶ。
9	`curve`上のパラメータ`t`で与えられる点の接線ベクトルを計算し、そのベクトルを

	tangentと呼ぶ。
10	curve上のパラメータtで与えられる点の法線ベクトルを計算し、そのベクトルをnormalと呼ぶ。
12	printを使って、lengthを出力する。
13	printを使って、domain[0]とdomain[1]を出力する。
14	printを使って、midpointを出力する。
15	printを使って、tangentを出力する。
16	printを使って、normalを出力する。

GetObject()関数のフィルターは4です。4は曲線を意味するフィルターなので曲線以外は選択できません。CurveLength()は、曲線の長さを計算する関数です。CurveDomain()は曲線のパラメータ領域を求める関数です。この場合のパラメータというのは、曲線上の位置を特定するために始点から測った長さのような指標です[1)]。結果はリストとなって返ってきます(図8)。そのとき、リストの先頭は曲線の始点を指し示すパラメータ値、また、2つ目は終点の値となっています。つまり、この例でdomain[0]は始点のパラメータ値、domain[1]は終点のパラメータ値となります。EvaluateCurve()は前述のパラメータ値で指定された曲線上の点の3次元座標値を返す関数です。CurveTangent()は同じく接線ベクトルを返します。CurveNormal()は同じく法線ベクトルを返します。この例では、midpoint、tangent、normalはそれぞれ3次元空間の方向成分を持つベクトルとなります。

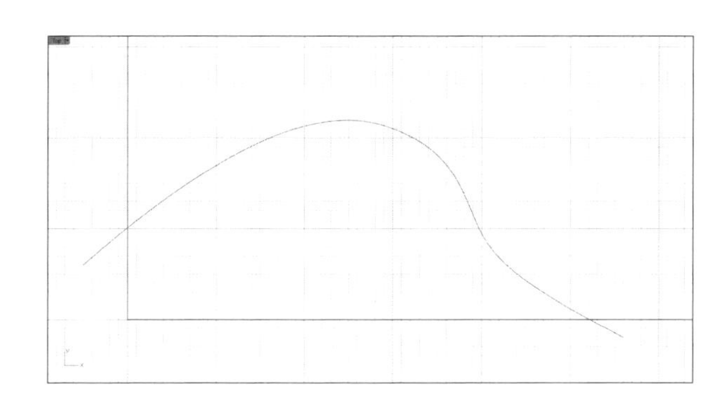

図7 Rhinoのコマンドを使って曲線を描く

図8 取得された曲線の情報。上から、長さ、パラメータ領域のリスト(曲線の始点と終点の値)、中央の座標値、中央の接線ベクトル、中央の法線ベクトル

```
length = 67.6609754753
domain = 0.0 71.6177995113
co-ordinates of mid point = 31.5625,14.65625,0
tangent vector = 0.872280552600719,-0.489005764336766,0
normal vector = 0,0,-1
```

註

1）図9のような曲線の始点と終点のパラメータがそれぞれ0と128だったとしましょう。この時domain[0]の値は0、domain[1]の値は128ということになります。中点のパラメータは64です。ただし、実際の長さとは必ずしも一致しませんので注意が必要です。

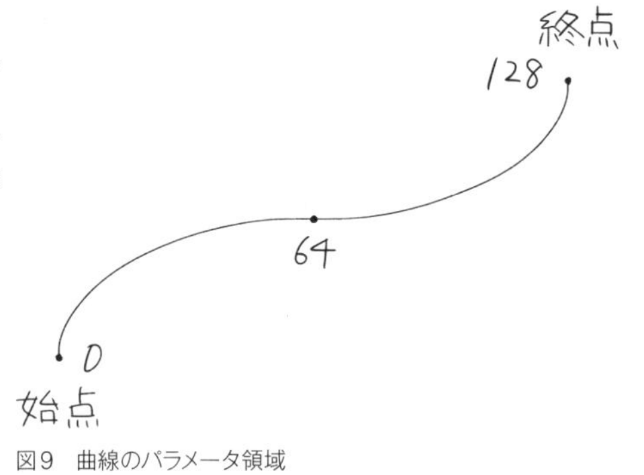

図9　曲線のパラメータ領域

曲線を生成する

曲線を生成してみましょう。次のプログラムを作成して、▶のデバッグ開始ボタンを押してデバッグを開始します。正しくできていれば図10のように1本の曲線が生成されるでしょう。

```
1    import rhinoscriptsyntax as rs
2    import math as ma
3
4    r = 10.0
5    h = 20.0
6
7    points = []
8    for k in rs.frange(0, 1, 0.01):
9        theta = k * ma.pi * 4
10       x = r * ma.cos(theta)
11       y = r * ma.sin(theta)
12       z = h * k
13       points.append((x, y, z))
14
15   rs.AddCurve(points)
```

2	三角関数を使うために数学モジュールmathをインポートして、maという略称を付ける。
4	半径を意味するrに、10.0を代入する。
5	高さを意味するhに20.0を代入する。
7	複数の点を格納するために、空のリストpointsを用意する。
8	forループで0〜1まで0.01きざみで変数kの値を生成する。

9	そのkに円周率pi（π）と4を掛けて角度theta（θ）を計算する。
10	cos(theta)を使ってx座標を計算する。
11	sin(theta)を使ってy座標を計算する。
12	z座標は高さhとkの積で計算する。
13	リストpointsに座標値(x, y, z)を追加する。
15	forループがすべて終了したら、AddCurve()関数を使ってリストに含まれる点を通過する曲線を生成する。

円周率pi（π）も数学モジュールにある値ですので、参照するためには先頭にmaを付けます。[]と書いてpointsをはじめに空の（何も入っていない）リストとして用意し、生成した点をappend()を使って1つずつ追加しています。このような追加の方法は頻繁に使われる方法です。

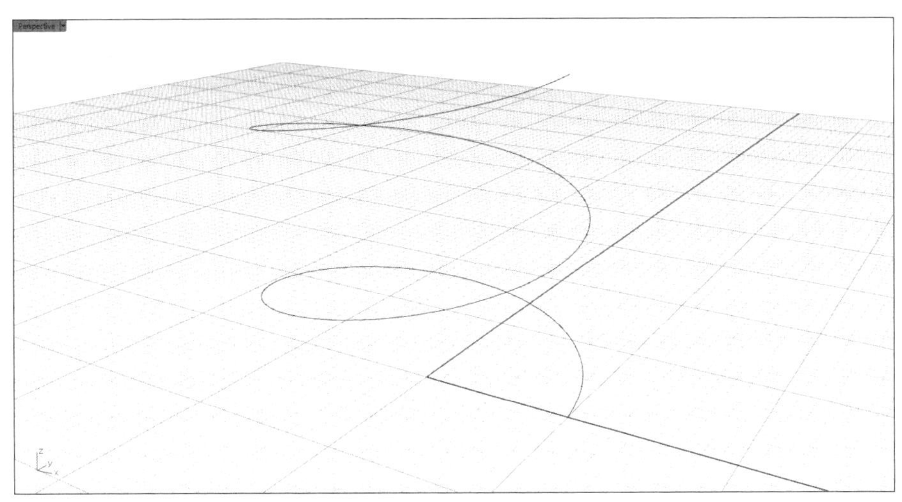

図10　生成された曲線

曲線を修正する

すでに描かれた曲線を修正して別の曲線を生成してみましょう。図11（P.61）のようにRhinoのコマンドを使ってTop画面に曲線を描いて準備します。次のプログラムを作成して、▶のデバッグ開始ボタンを押してデバッグを開始します。正しくできていれば1本の曲線が追加されるでしょう（P.61図12）。

```
1    import rhinoscriptsyntax as rs
2    import random as rd
3
4    curve = rs.GetObject("Select a curve", 4)
```

```
5
6	if curve:
7	    points = rs.CurvePoints(curve)
8	    knots = rs.CurveKnots(curve)
9	    degree = rs.CurveDegree(curve)
10
11	    newpoints = []
12	    for p in points:
13	        dx = rd.randrange(0, 5)
14	        dy = rd.randrange(0, 5)
15	        dz = rd.randrange(0, 5)
16	        d = [dx, dy, dz]
17	        q = rs.PointAdd(p, d)
18	        newpoints.append(q)
19
20	    newcurve = rs.AddNurbsCurve(newpoints, knots, degree)
```

2	乱数を使うためにrandomモジュールをインポートして、rdという略称を付ける。
4	曲線を選択して、curveと呼ぶ。
6	curveが選択できたかどうかを確認する。
7	選択されたなら、curveの情報からコントロールポイントの座標を取り出して、pointsと呼ぶ。
8	同様にノットベクトルを取り出して、knotsと呼ぶ。
9	同様に次数を取り出して、degreeと呼ぶ。
11	空のリストnewpointsを用意して、これから生成する点の格納場所を準備する。
12	リストpointsに含まれる点の数だけループを回して、点を1つずつ取り出し、pと呼ぶ。
13	0~5の範囲の乱数を生成して、dxと呼ぶ。
14, 15	同様にdyとdzを作る。
16	ベクトル[dx, dy, dz]を作り、dと呼ぶ。
17	曲線上の点pにベクトルdを加えて新たな点を作り、qと呼ぶ。
18	newpointsに新しい点qを追加する。
20	ループがすべて終了したら、newpoints、knots、degreeを使って新しい曲線を生成する。

GetObject()とif curve:のような組み合わせはしばしば使われるやり方です。GetObject()で予期した情報が得られないまま以降のプログラムが実行された場合に、重大なエラーが発生する可能性があるからです。このようにしておけば、GetObject()がうまくいったときだけ以降のプログラムが実行されることになります。

Rhinoでは、曲線は**NURBS曲線**と呼ばれる手法で定義されていますが、このNURBS曲線は**コントロールポイント**、**ノットベクトル**、**次数**、**ウエイト**というプロパティをもって定義されます。CurvePoints()は曲線のコントロールポイントを取り出す関数です。CurveKnots()はノットベクトルを取り出す関数です。CurveDegree()は次数を取り出す関数です。このプログラムでは、取り出したコントロールポイントの位置をランダムに移動して別の曲線を生成しようとしています。乱数を生成するには、randrange()関数を使います。randomモジュールに属していますので、先頭にrandomまたは略称として定義したrdを付けます。括弧の中のパラメータは乱数の範囲を示していて、この場合は0~5の範囲としています。PointAdd()は点の座標にベクトルを加えて別の点を作る関数です。newpoints.append(q)として新しいコントロールポイントのリストに点を追加していきます。AddNurbsCurve()は、NURBS曲線を定義する関数です。括弧の中のパラメータは、1つ目がコントロールポイント、2つ目がノットベクトル、3つ目が次数です。4つ目はウエイトですが、これは省略できます。

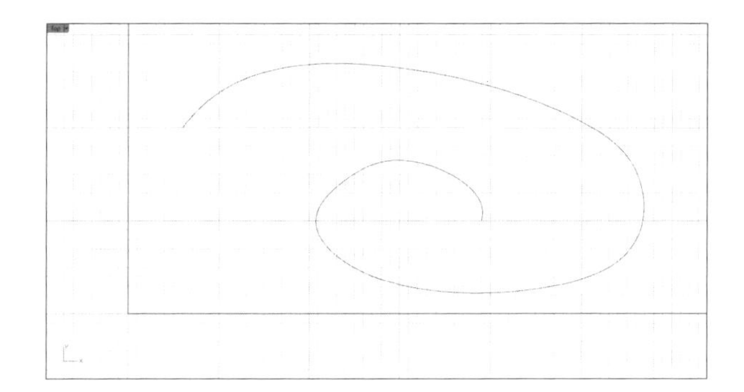

図11　RhinoのTop画面にもとになる曲線を描く

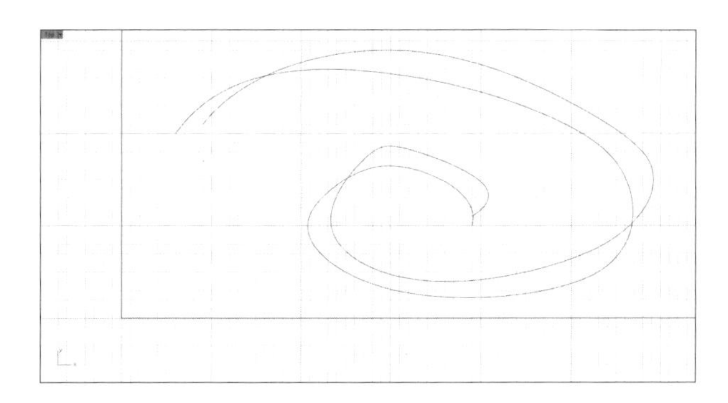

図12　もとの曲線と修正された曲線

曲線の接線と法線を計算する

曲線に関してもう一つ見てみましょう。描かれている曲線を選択すると、その曲線に接線ベクトルと法線ベクトルを描き加えるプログラムです。Rhinoのコマンドを使って *x-y* 平面上（Top）に曲線を描いて準備します（P.64図13）。次のプログラムを作成して、▶のデバッグ開始ボタンを押してデバッグを開始します。正しくできていれば図14（P.64）のように、曲線に接線と法線が生成されるでしょう。

```
1   import rhinoscriptsyntax as rs
2
3   curve = rs.GetObject("Select a curve", 4)
4
5   domain = rs.CurveDomain(curve)
6   start = domain[0]
7   end = domain[1]
8   increment = (domain[1]-domain[0])/20
9   for t in rs.frange(start, end, increment):
10      point1 = rs.EvaluateCurve(curve, t)
11      rs.AddPoint(point1)
12
13      tangent = rs.CurveTangent(curve, t)
14      if tangent:
15          tangent = rs.VectorUnitize(tangent)
16          tangent = rs.VectorScale(tangent, 5)
17          point2 = rs.PointAdd(point1, tangent)
18          rs.AddLine(point1, point2)
19
20      normal = rs.CurveNormal(curve, t)
21      if normal:
22          normal = rs.VectorUnitize(normal)
23          normal = rs.VectorScale(normal, 5)
24          point3 = rs.PointAdd(point1, normal)
25          rs.AddLine(point1, point3)
26
27      if normal:
28          normal2 = rs.VectorCrossProduct(tangent, normal)
29          normal2 = rs.VectorUnitize(normal2)
30          normal2 = rs.VectorScale(normal2, 5)
```

```
31              point4 = rs.PointAdd(point1, normal2)
32              rs.AddLine(point1, point4)
```

3	Rhinoのドキュメントにある曲線を選択し、それをcurveと呼ぶ。
5	curveのパラメータ領域をdomainと呼ぶ。
6	パラメータの始点をstartと呼ぶ。
7	パラメータの終点をendと呼ぶ。
8	始点から終点までを20分割して、その間隔をincrementと呼ぶ。
9	startからendまで、パラメータtをincrement間隔で繰り返す。
10	そのtのそれぞれに対して曲線curve上の点の3次元座標を求め、point1と呼ぶ。
11	そのpoint1の位置に点を生成する。
13	その位置の接線ベクトルを求め、tangentと呼ぶ。
14	tangentが求められたかどうかを調べる。
15	求められた場合は、そのtangentを単位長さに変更する。
16	さらに、そのtangentを5倍して、長さ5に変更する。
17	point1からtangentだけ先の点を足し算で求め、point2と呼ぶ。
18	point1からpoint2へ直線を描く。
20	その位置の法線ベクトルを求め、normalと呼ぶ。
21	normalが求められたかどうかを調べる。
22	求められた場合は、そのnormalを単位長さに変更する。
23	さらに、そのnormalを5倍して長さ5に変更する。
24	point1からnormalだけ先の点を足し算で求め、point3と呼ぶ。
25	point1からpoint3へ直線を描く。
27	normalが求められたかどうかを再び調べる。
28	求められた場合は、tangentとnormalのベクトル積[1)]を計算して、その結果をnormal2と呼ぶ。
29	normal2を単位長さに変更する。
30	さらに、そのnormal2を5倍して、長さ5に変更する。
31	point1からnormal2だけ先の点を足し算で求め、point4と呼ぶ。
32	point1からpoint4へ直線を描く。

CurveTangent()は曲線のパラメータ値で指定された点における接線ベクトルを求める関数です。VectorUnitize()はベクトルを単位長さに変更します。VectorScale()はベクトルを指定された倍率で拡大縮小します。PointAdd()は点の座標にベクトルを加えて別の点を作る関数です。AddLine()は点と点を結んで直線を描く関数です。

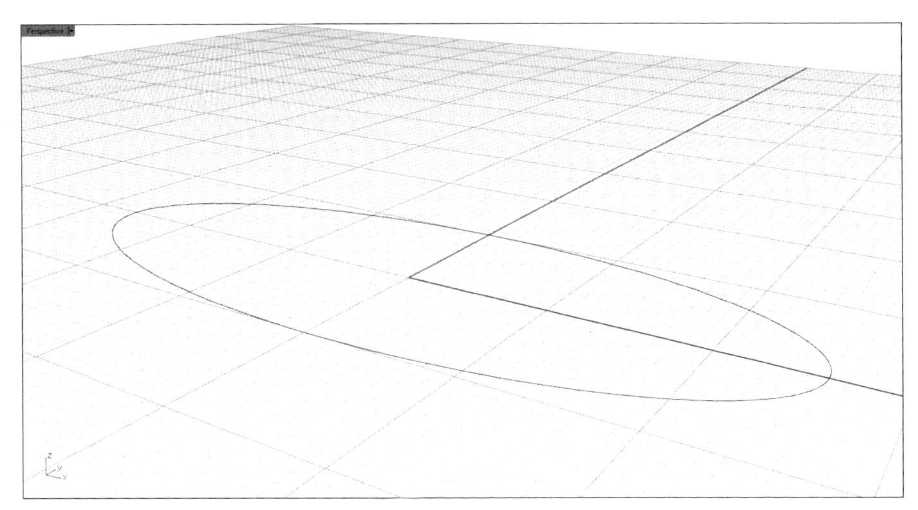

図13　Rhinoのx-y平面上にもとになる曲面を描く。この図はその曲線をPerspective画面で眺めているところ

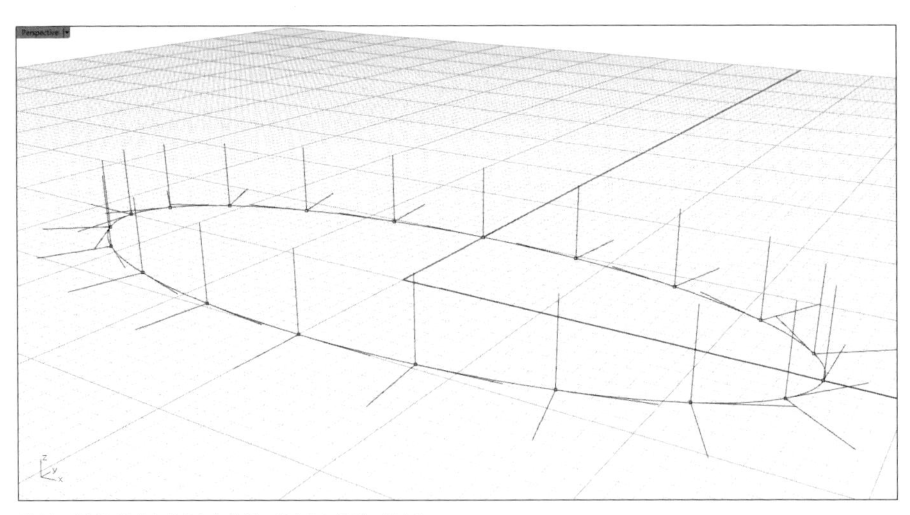

図14　曲線に描き加えられた接線ベクトルと法線ベクトル

註

1）ベクトル積については、「5 ベクトル」（P.81）を参照してください。

3 曲面

曲面の情報を取得する

Rhinoのドキュメントに描かれた曲面の情報を取得することから始めましょう。まず、図15のようにRhinoのコマンドを使って、任意の曲面を描いて準備します[1]。次にRhino Python Editorを起動して以下のプログラムを作成してください。▶のデバッグ開始ボタンを押してデバッグを開始します。

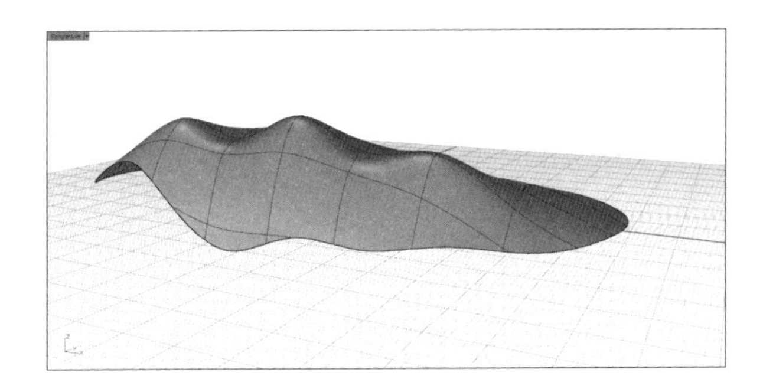

図15 Rhinoのコマンドを使って曲面を描く

```
1   import rhinoscriptsyntax as rs
2
3   surf_id = rs.GetObject("Select a surface", 8)
4   print surf_id
5
6   area = rs.SurfaceArea(surf_id)
7   domainU = rs.SurfaceDomain(surf_id, 0)
8   domainV = rs.SurfaceDomain(surf_id, 1)
9
10  print "area = ", area
11  print "domain of u-direction = ", domainU
12  print "domain of v-direction = ", domainV
13
14  uv = (domainU[1]-domainU[0])/2, (domainV[1]-domainV[0])/2
15  center = rs.SurfaceEvaluate(surf_id, uv, 1)
16  normal = rs.SurfaceNormal(surf_id, uv)
17
```

```
18          print "xyz co-ordinate of center = ", center[0]
19          print "normal vector = ", normal
20          normal = rs.VectorUnitize(normal)
21          normal = rs.VectorScale(normal, 5)
22          start = center[0]
23          end = rs.VectorAdd(start, normal)
24          rs.AddPoint(center[0])
25          rs.AddLine(start, end)
```

3	曲面の情報を取得してsurf_idと呼ぶ。
4	printを使ってsurf_idを出力する（識別子が出力される）。
6	面積を調べて、その値をareaと呼ぶ。
7	*u*方向のパラメータ領域を調べて、domainUと呼ぶ。
8	*v*方向のパラメータ領域を調べて、domainVと呼ぶ。
10	printを使って面積areaを出力する。
11	printを使って*u*方向のパラメータ領域domainUを出力する。
12	printを使って*v*方向のパラメータ領域domainVを出力する。
14	パラメータ領域の中央を計算し、uvと呼ぶ。
15	曲面の中央を評価して、centerと呼ぶ。
16	曲面の中央における法線ベクトルを求めて、normalと呼ぶ。
18	printを使って中央の3次元座標を出力する。
19	printを使って法線ベクトルを出力する。
20	法線ベクトルnormalを単位長さに変更する。
21	5倍の長さに修正する。
22	中央の3次元座標をstartと呼ぶ。
23	startからベクトルnormalだけ離れた点を足し算で求め、endと呼ぶ。
24	中央に点を生成する。
25	startからendへ直線を描く。

SurfaceArea()は、曲面の面積を求める関数です。SurfaceDomain()は、曲面のパラメータ領域を求める関数です。曲面上の1点を特定するためには2方向それぞれの位置を指定することが必要ですが、これらを*u*方向と*v*方向と呼びます[2)]。網の目状の曲面をイメージするといいでしょう。SurfaceDomain()の括弧の中には、まず曲面の名前を指定し、次に*u*方向を調べるなら0を、*v*方向なら1を指定します。SurfaceEvaluate()は、パラメータで指定された点の3次元座標値や微係数を計算する関数です。括弧の中には、まず曲面の名前を指定し、次にパラメータの値をタプルとして指定します。3つ目は必要な微係数の次数を指定します。この例では1としていますので1次微係数までを計

算してくれます。結果はリストとして返り、先頭は3次元座標値で次は1次微係数という順に続きます（図16）。`EvaluateSurface()`を使う方法もあります。詳しくはPython Helpを参照してください。`SurfaceNormal()`は曲面とパラメータ値を指定して法線ベクトルを求める関数です。

```
78591c7b-5c2b-41d5-b1ec-93f65962b2eb
area = (4233.9938349776512, 0.00024647825806683402)
domain of u-direction = (-58.349674416036351, 48.911944846398448)
domain of v-direction = (-25.038629876914428, 35.7186565338848)
xyz co-ordinate of center = 76.7900145825557,32.6568368531209,-5.63245202676282
normal vector = 0.141146287167533,0.281227727800221,0.949204240790751
```

図16　取得した曲面の情報。上から識別子、面積、*u*方向の領域、*v*方向の領域、中央の座標値、中央の法線ベクトル

註

1）どのコマンドを使って曲面を描いてもかまいませんが、ここでは曲面がTrimmed Surfaceではなく、NURBS Surfaceであることが必要です。描いた曲面のプロパティ（Properties）を確認するのもいいでしょう。NURBSは、非一様有理Bスプライン（Non-Uniform Rational B-Spline）の略で、曲面や曲線を生成するためにコンピュータグラフィックスで一般的に使用される数学モデル。この理論によって生成された曲面をNURBS Surfaceといいます。Trimmed Surfaceは、適当な輪郭線を与えて不要な部分を切り取った曲面。

2）*u*方向、*v*方向というのは、図17のように2つの曲面に沿った座標のことです。曲線上の点をパラメータで指し示したように、曲面上の点は2つの座標で指し示します。

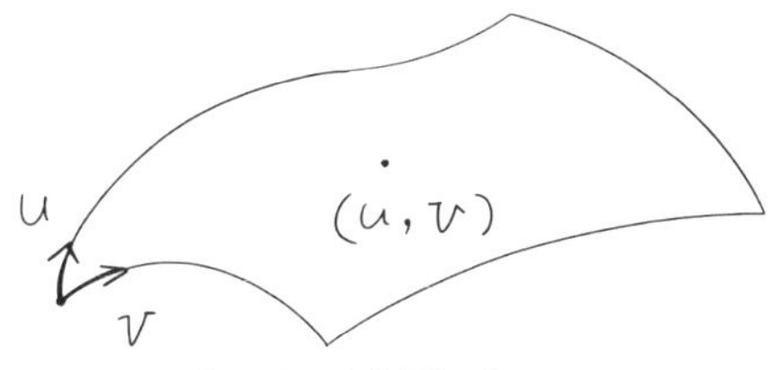

図17　2つの曲面に沿った座標（*u*, *v*）

基本的な立体を生成する

立体を生成してみましょう。次のプログラムを作成して、▶のデバッグ開始ボタンを押してデバッグを開始します。正しくできていれば図18（P.68）のように円錐、円筒、球、トーラスが1つずつ生成されるでしょう。

```
1     import rhinoscriptsyntax as rs
2
3     Radius = 6.0
4     radius = 3.0
5     height = 12.0
6
7     rs.AddCone((0, 0, 0), height, Radius, True)
8     rs.AddCylinder((20, 0, 0), height, Radius, True)
9     rs.AddSphere((40, 0, 6), Radius)
10    rs.AddTorus((60, 0, 3), Radius, radius)
```

3	大文字で始まる`Radius`を`6.0`として大円の半径を準備する。
4	小文字で始まる`radius`を`3.0`として小円の半径を準備する。
5	高さ`height`を`12.0`として準備する。
7	円錐を生成する。
8	円筒を生成する。
9	球を生成する。
10	トーラスを生成する。

`AddCone()`は円錐を生成する関数で、括弧の中の1つ目のパラメータは底面の中心点の座標、2つ目は高さ、3つ目は底面の半径です。4つ目はオプションですが、cap（蓋（ふた））を付けるかどうかを指定します。ここでは`True`ですから蓋を付けることになります。`AddCylinder()`は円筒を生成する関数です。括弧の中のパラメータは`AddCone`の場合と同じです。`AddSphere()`は球を生成する関数です。括弧の中の1つ目のパラメータは中心点の座標、2つ目は半径です。`AddTorus()`はトーラスを生成する関数です。括弧の中の1つ目のパラメータは中心点の座標、2つ目は大円の半径、3つ目は小円の半径です。

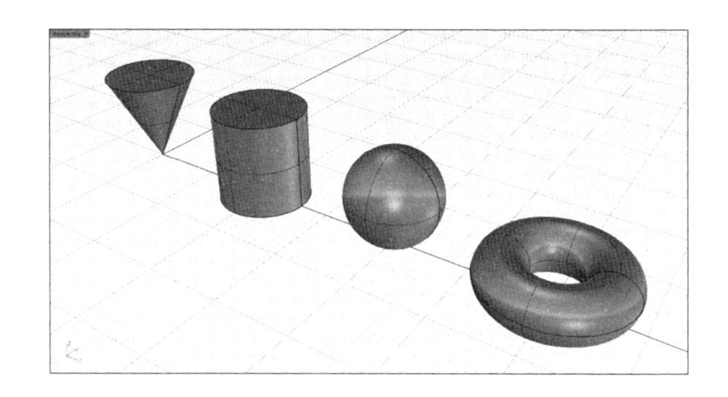

図18　生成された円錐、円筒、球、トーラス

4点を指定して曲面を生成する

周辺の4点を指定して曲面を生成してみましょう。次のプログラムを作成して、▶のデバッグ開始ボタンを押してデバッグを開始します。正しくできていれば図19のように曲面が1つ生成されるでしょう。

```
1    import rhinoscriptsyntax as rs
2
3    points = (0, 0, 0), (75, 0, 20), (75, 75, 0), (0, 75, 20)
4    rs.AddSrfPt(points)
```

3	4点を指定して、`points`と呼ぶ。
4	`AddSrfPt()`関数で曲面を生成する。

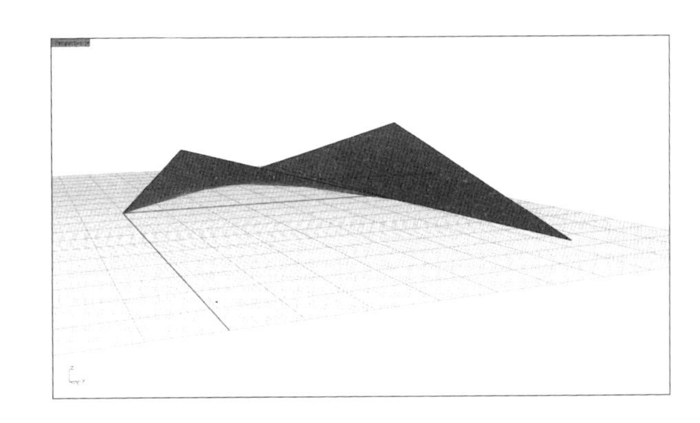

図19　4点を指定して生成された曲面

エッジを指定して曲面を生成する

エッジとなる曲線を指定して曲面を生成してみましょう。図20のようにRhinoのドキュメントにエッジ曲線を描いて準備します。次のプログラムを作成して、▶のデバッグ開始ボタンを押してデバッグを開始します。正しくできていれば図21（P.70）のように曲面が1つ生成されるでしょう。

```
1    import rhinoscriptsyntax as rs
2
3    curves = rs.GetObjects("Select curves", 4)
4    rs.AddEdgeSrf(curves)
```

3	GetObjects()関数を使って複数のエッジ曲線の情報を取得し、curvesと呼ぶ。
4	AddEdgeSrf()関数を使って曲面を生成する。

GetObject()はオブジェクトを1つ選択する関数ですが、末尾にsの付いたGetObjects()は複数を選択できます。この場合、選択を完了するには[Enter]キーを押すようにプロンプトが表示されます。

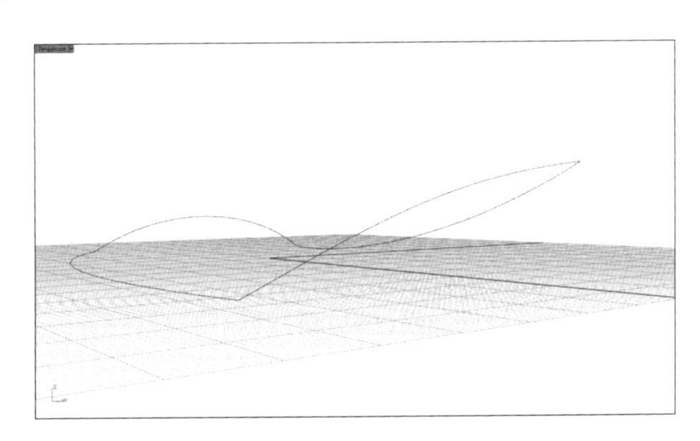

図20　Rhinoのコマンドを使って曲面生成のためのエッジ曲線を描く

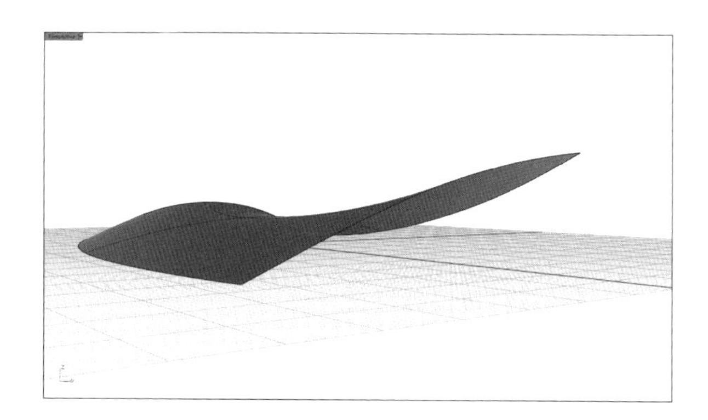

図21 指定したエッジ曲線に囲まれた曲面

点群から曲面を生成する

グリッド上に点群を生成しておいて、それらを通過する曲面を生成する方法を見てみましょう。次のプログラムを作成して、▶のデバッグ開始ボタンを押してデバッグを開始します。正しくできていれば図22のような曲面が1つ生成されるでしょう。

```
1   import rhinoscriptsyntax as rs
2   import math as ma
3
4   count = 51, 51
5   points = []
6   for i in range(count[0]):
7       for j in range(count[1]):
8           x = i*1.5
9           y = j*1.5
10          z = 5*ma.sin(i*ma.pi/24)*ma.cos(j*ma.pi/24)
11          pt = x, y, z
12          points.append(pt)
13  rs.AddSrfPtGrid(count, points)
```

4　*u*方向（P.67註2参照）に51個、*v*方向にも51個の格子状に点を配置するとして、これらの値を`count`と呼ぶ。
5　格子点をリストに格納することにして、空のリスト`points`を準備する。
6　*u*方向の点の数だけループを回し、変数`i`を`0`、`1`、`2`、………と順に生成する。
7　*v*方向の点の数だけループを回し、変数`j`を`0`、`1`、`2`、………と順に生成する。
8　`i*1.5`の計算によりグリッドの`x`座標を計算する。

9	j*1.5の計算によりグリッドのy座標を計算する。
10	5*ma.sin(i*ma.pi/24)*ma.cos(j*ma.pi/24)の計算によりグリッドのz座標を計算する。
11	3つの座標値を使って格子点を定義して、ptと呼ぶ。
12	リストpointsにptを追加する。
13	ループが全部終了したら、グリッド上の点を通る曲面を生成する。

AddSrfPtGrid()はグリッド上の点から曲面を生成する関数です。1つ目のパラメータは*u*方向の数と*v*方向の数が記述されたタプルです。2つ目のパラメータはグリッド上の点を格納したリストです。

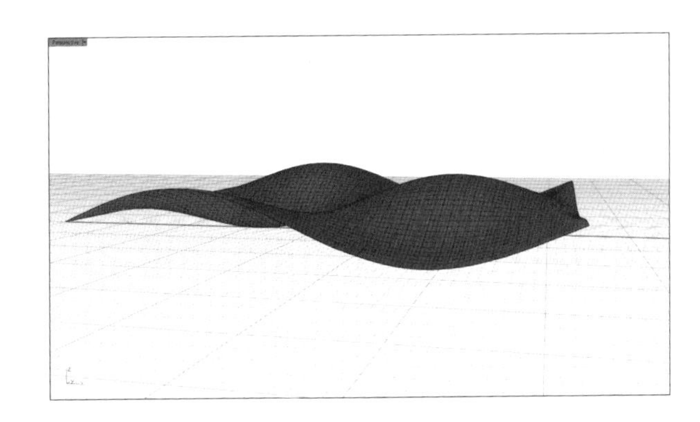

図22　点群から生成した曲面

回転曲面を生成する

回転曲面を生成してみましょう。図23（P.72）のように、回転曲面の母線をRhinoのコマンドを使って*x-z*平面上（Front）に描いて準備します。次のプログラムを作成して、▶のデバッグ開始ボタンを押してデバッグを開始します。正しくできていれば図24のように曲面が1つ生成されるでしょう。

```
1    import rhinoscriptsyntax as rs
2
3    curve = rs.GetObject("Select a curve", 4)
4    axis = ((0, 0, 0), (0, 0, 1))
5    rs.AddRevSrf(curve, axis, 0, 360)
```

3	母線となる曲線を選択して、curveと呼ぶ。
4	回転の軸を指定して、axisと呼ぶ。
5	回転曲面を生成する。

回転の軸として、基準点と軸の方向を指定します。axisは回転の軸であり、ここでは(0, 0, 0)と

(0, 0, 1)を結ぶ線分、すなわちz軸を回転軸として定義しています。AddRevSrf()は回転曲面を生成する関数です。括弧の中の1つ目のパラメータは母線、2つ目は回転軸、3つ目は回転のはじめの角度、4つ目は回転の終わりの角度です。

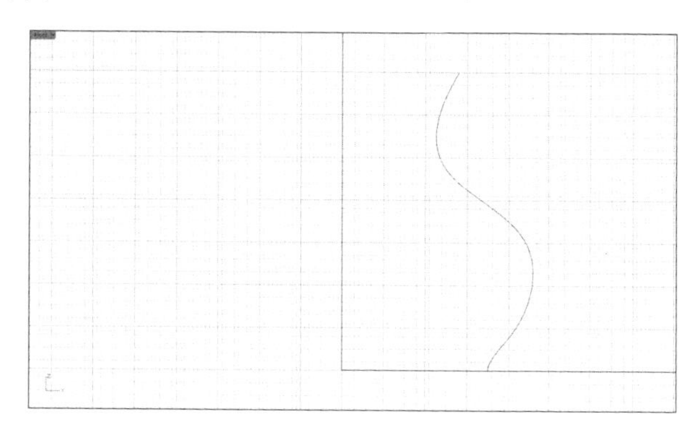

図23 RhinoのFront画面に回転曲面の母線を描く

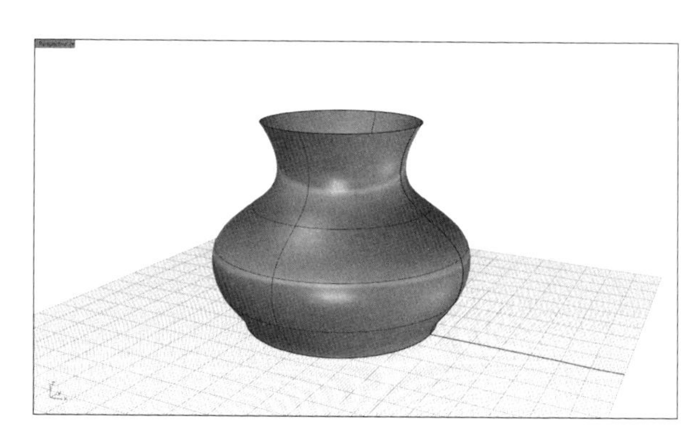

図24 生成された回転曲面

ロフトで曲面を生成する

ロフト（loft）を使って曲面を生成してみましょう。図25のようにRhinoのドキュメントにロフトする（断面カーブを結ぶ）ための曲線を描いて準備します。次のプログラムを作成して、▶のデバッグ開始ボタンを押してデバッグを開始します。正しくできていれば図26のように曲面が1つ生成されるでしょう。

```
1    import rhinoscriptsyntax as rs
2
3    objs = rs.GetObjects("Pick curves to loft", 4)
4    rs.AddLoftSrf(objs, None, None, 1)
```

3　ロフトする曲線を順番に選択し、objsと呼ぶ。
4　ロフトして曲面を生成する。

GetObjects()は複数のオブジェクトを選択できます。AddLoftSrf()はロフトのための関数です。括弧の中のパラメータの1つ目は曲線群、2つ目はロフトの始点、3つ目はロフトの終点、4つ目はロフトタイプです。そのほかに3つのパラメータがありますが、省略が可能です。詳細はRhino Python EditorのPython Helpを参照してください。この例では、曲線群をobjsで指定し、始点と終点は指定せずNone、Noneとしています。タイプをLooseとすることにして[1)]、その番号1を指定しました。そのほかは省略しています。

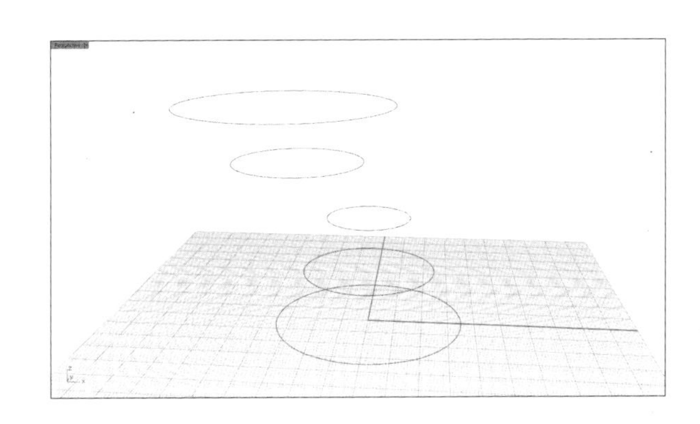

図25　Rhinoのコマンドを使ってロフトのための曲線を描く

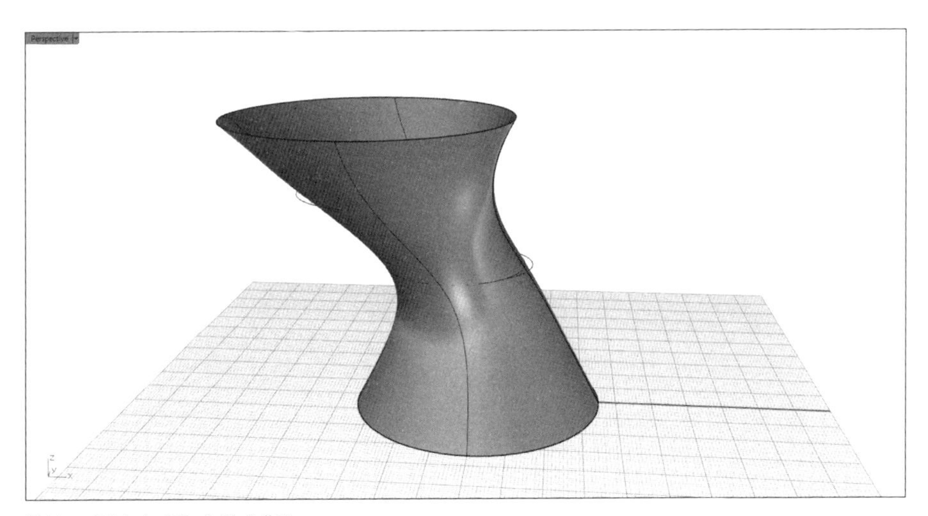

図26　ロフトによって生成された曲面

註

1) ロフトには、その結び方によってNormal、Loose、Straightなどのタイプが用意されています。

曲面の法線を描く

曲面上の複数の点からその法線方向に直線を描いてみましょう。Rhinoのコマンドを使ってドキュメントに曲面を1つ準備します。NURBS Surfaceであることが必要です。この例では、Loftコマンドを使って曲面を準備しました（図27）。次のプログラムを作成して、▶のデバッグ開始ボタンを押してデバッグを開始します。正しくできていれば図28のように曲面から伸びる法線が生成されるでしょう。

```
1   import rhinoscriptsyntax as rs
2   import math as ma
3
4   surf = rs.GetObject("Select a surface", 8)
5
6   n = 50
7   domainU = rs.SurfaceDomain(surf, 0)
8   domainV = rs.SurfaceDomain(surf, 1)
9   du = (domainU[1] - domainU[0])/n
10  dv = (domainV[1] - domainV[0])/n
11
12  for u in rs.frange(domainU[0], domainU[1], du):
13      for v in rs.frange(domainV[0], domainV[1], dv):
14          xyz = rs.EvaluateSurface(surf, u, v)
15          rs.AddPoint(xyz)
16          normal = rs.SurfaceNormal(surf, (u,v))
17          normal = rs.VectorUnitize(normal)
18          normal = rs.VectorScale(normal, 5)
19          start = xyz
20          end = rs.VectorAdd(xyz, normal)
21          rs.AddLine(start, end)
```

4	曲面を選択して、その情報を取得し、surfと呼ぶ。
6	nに50をセットする。
7	surfの*u*方向パラメータ領域を求め、domainUと呼ぶ。
8	surfの*v*方向パラメータ領域を求め、domainVと呼ぶ。
9	*u*方向の領域をn等分するとして、そのときの増分値を計算し、duと呼ぶ。
10	*v*方向の領域をn等分するとして、そのときの増分値を計算し、dvと呼ぶ。
12	*u*方向のパラメータuを始点から終点までdu刻みでループさせる。
13	*v*方向のパラメータvを始点から終点までdv刻みでループさせる。

14	曲面の(u, v)で指定された点の3次元座標値を計算し、xyzと呼ぶ。
15	xyzに点を生成する。
16	(u,v)点における法線ベクトルを計算し、normalと呼ぶ。
17	normalを単位長さに修正する。
18	normalを5倍して、長さ5のベクトルとして再びnormalと呼ぶ。
19	次で描く直線の始点startの値をxyzと呼ぶ。
20	xyzにnormalを加えて直線の終点を計算し、endと呼ぶ。
21	startからendへ直線を描く。

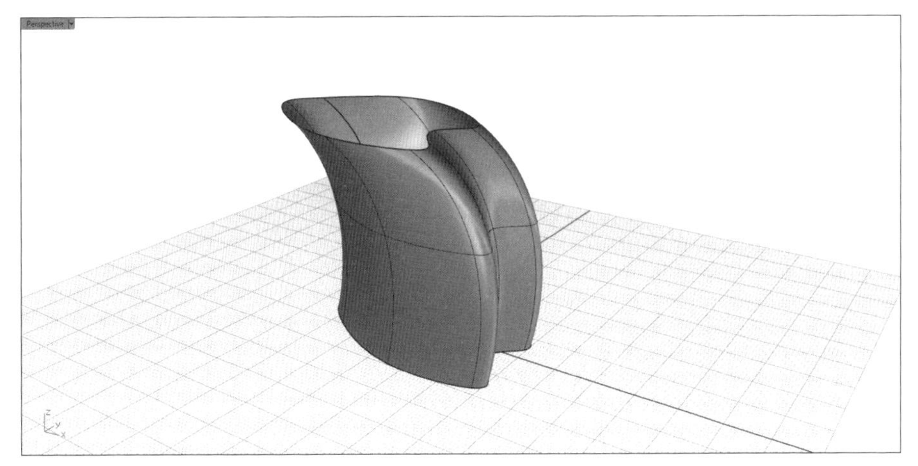

図27　Rhinoのロフト(loft)コマンドを使って描いた曲面

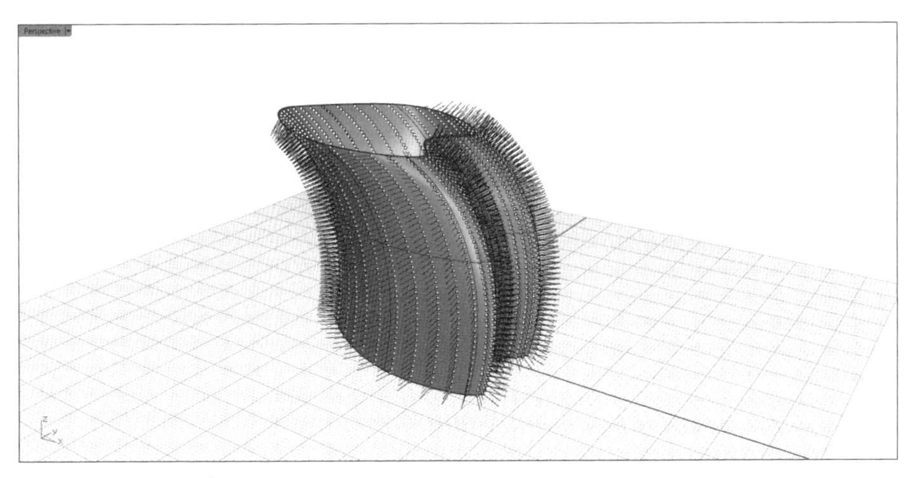

図28　曲面から伸びる法線

4 メッシュ

メッシュで曲面を表現する

メッシュ[1)]を使って擬似的な曲面を生成する方法について見てみましょう。次のプログラムを作成して、▶のデバッグ開始ボタンを押してデバッグを開始します。正しくできていれば図29（P.78）のようにメッシュが生成されるでしょう。ここではその一例として、$z = \sin x \cdot \cos y$で表わされる曲面を扱います。

```
1   import rhinoscriptsyntax as rs
2   import math
3
4   domain = (-10.0, 10.0, -15.0, 15.0)
5   nx = 50
6   ny = 75
7
8   xstep = (domain[1] - domain[0]) / nx
9   ystep = (domain[3] - domain[2]) / ny
10
11  verts = []
12  for i in range(nx+1):
13      x = domain[0] + i*xstep
14      for j in range(ny+1):
15          y = domain[2] + j*ystep
16          z = math.sin(x) * math.cos(y)
17          verts.append((x, y, z))
18
19  faces = []
20  for m in range(nx):
21      for n in range(ny):
22          e = m * (ny + 1) + n
23          faces.append((e, e+1, e+ny+2, e+ny+1))
24
25  rs.AddMesh(verts, faces)
```

1	Rhinoのモジュールをインポートして、rsという略称を付ける。
2	数学モジュールをインポートする（ここでは略称を使わない）。
4	これから描くメッシュの領域をx方向は-10.0～10.0の範囲、y方向は-15.0～15.0の範囲として、domainと呼ぶ。タプルの4つの要素のうち、はじめの2つはx方向に関するもの、後の2つはy方向に関するものとする。
5	この領域をx方向については50分割するとして、この値をnxと呼ぶ。
6	同じくy方向については75分割するとして、この値をnyと呼ぶ。
8, 9	x方向およびy方向の格子の間隔をそれぞれxstep、ystepと呼ぶ。
11	これから描くメッシュの頂点をvertsと呼ぶことにして、まずは空のリストを用意する。
12	forループを使って、頂点をx方向に走査するためのインデックス"i"を0～nxの範囲で生成する。
13	xの値をiとdomain[0]とxstepを使って計算する。
14	同様にforループを使って、y方向のインデックスjを生成する。
15	yの値をjとdomain[2]とystepの値を使って計算する。
16	xとyの値を使って、z = math.sin(x) * math.cos(y)を計算する。
17	vertsにメッシュの頂点の座標(x, y, z)を追加する。
19	頂点のつながり方を示すリストの名前をfacesと呼び、空のリストを用意する。
20	forループを使って、面をx方向に走査するためのインデックスmを0～nx-1の範囲で生成する。
21	同様にforループを使って、面をy方向に走査するためのインデックスnを0～ny-1の範囲で生成する。
22	mとnから図30に示すような各面のはじめの頂点番号を、m * (ny + 1) + nの計算により決定し、これを基準のインデックスとしてeと呼ぶ。
23	基準のインデックスeから、各面を構成する頂点の番号は(e, e+1, e+ny+2, e+ny+1)となるので、これをfacesに追加する。
25	頂点の座標vertsと面の構成節点facesがすべて決まったら、AddMesh()という名前の関数を使ってメッシュを生成する。

メッシュを生成するには、メッシュ上の頂点[2]の座標をすべて決める必要があります。また、それらの頂点がどのようにつながって面を作っているのかという情報も必要です。この2つを定義することで、メッシュを生成することが可能となります。このプログラムでは、頂点座標をvertsというリストにしました。このリストの要素は、各頂点の座標(x, y, z)です。また、頂点がどのようにつながって1つの面を形成するかを記述するためにfacesというリストを用意しました。頂点を4つ決めると面を1つ定義できるので、このリストの要素は4つの整数で構成されるタプルとなります。図30のように頂点が順番に並んでいる場合には、基準のインデックスeはm * (ny + 1) + nで計算できます。また、基準のインデックスeがわかれば面は図31のように4つの頂点で囲まれていることになります。つまり、面を構成する頂点は(e, `e + 1, e + ny + 2, e + ny + 1)`となるのです。時計回りの順に並んでいることに注意してください。

22行と23行の計算について、もう少し説明しておきましょう。図30のようなメッシュの場合にx方向の分割数は$nx = 4$、y方向の分割数は$ny = 3$です。斜線で示したメッシュは、$m = 2$、$n = 1$の位置にあります。このメッシュの左下の頂点は9番ですが、これは、

$$m \times (ny + 1) + n = 2 \times (3 + 1) + 1 = 9$$

という計算で求めることができます。残りの頂点は図31のようになっていて、順に、

$9 + 1 = 10$、
$9 + ny + 2 = 14$、
$9 + ny + 1 = 13$

として計算できます。

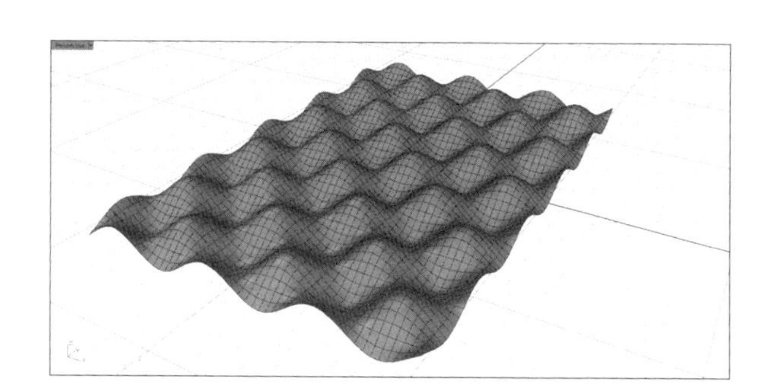

図29　メッシュによって表現された曲面

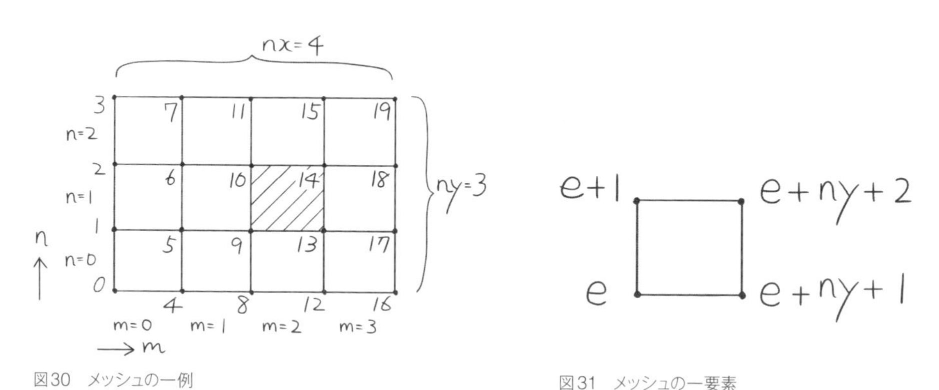

図30　メッシュの一例

図31　メッシュの一要素

註

1) メッシュは、コンピュータグラフィックスや幾何学モデリングの分野で立体形状を多面体で定義するために用いられ、頂点、辺、面の集合のことを指します。ポリゴン、ポリゴンメッシュとも呼ばれます。

2) メッシュの頂点は、節点（node）とも呼ばれます。

関数を使ってメッシュを生成する

メッシュの例では、座標zの計算をforループの中に直接記述していましたが、その式の部分だけ取り出してfunctionという名前を付ける方法もあります。このようにすれば、形状を表す関数の部分が明確になり、functionの部分を変更するだけでさまざまな形状を生成することができます。次のプログラムを作成して、▶のデバッグ開始ボタンを押してデバッグを開始します。

```
1   import rhinoscriptsyntax as rs
2   import math
3
4   function = "math.sin(x) * math.cos(y)"
5   domain = (-10.0, 10.0, -15.0, 15.0)
6   nx = 50
7   ny = 75
8
9   def createMesh():
10      xstep = (domain[1] - domain[0]) / nx
11      ystep = (domain[3] - domain[2]) / ny
12      verts = []
13      for i in range(nx+1):
14          x = domain[0] + i*xstep
15          for j in range(ny+1):
16              y = domain[2] + j*ystep
17              z = solveEquation(function, x, y)
18              verts.append((x, y, z))
19      faces = []
20      for m in range(nx):
21          for n in range(ny):
22              e = m * (ny + 1) + n
23              faces.append((e, e+1, e+ny+2, e+ny+1))
24      rs.AddMesh(verts, faces)
25
26  def solveEquation(func, x, y):
27      try:
28          z = eval(func)
29      except:
30          z = 0
```

```
31          return z
32
33      createMesh()
```

9	頂点座標の計算と、面の定義を一緒にして`createMesh()`という名前の関数にまとめる。
10-16	P.77の8-15参照。
17	`solveEquation()`という関数を使って、`z`の値を計算する。
26	`solveEquation()`を定義する。
27, 29	`try:`のブロックでエラーが発生した場合に、`except:`のブロックが実行される。
28	ビルトイン関数の`eval()`を使って、括弧の中に書かれた文字列を関数として評価し、結果を`z`と呼ぶ。
30	`except:` のブロックでは`z`の値は0となる。
31	17行目の呼び出し側へ`z`を返す。
33	`createMesh()`を実行する。

ここでは、2つの関数を作りました。`createMesh()`と`solveEquation()`です。`createMesh()`は、頂点座標の計算と面の定義をする関数です。この中では形状を表す関数を具体的には決めず、`function`と仮の名前を付けているだけです。`function`は、4行目にあるように文字列ですから、これを計算式として評価するには特別な仕掛けが必要となります。それが、ビルトイン関数の`eval()`です。この部分を`solveEquation()`という名前を付けた関数にまとめました。パラメータ`func`には`math.sin(x) * math.cos(y)`が渡され、`x`と`y`にはそれぞれの座標値が渡されて`z`の値が得られる仕掛けです。少し複雑な印象を受けるかもしれませんが、メッシュを生成する部分と曲面を定義する部分を関数としてまとめることでそれぞれの役割も明確となり、修正や変更がしやすくなるメリットがあります。

5 ベクトル

ベクトルを矢印で描く

幾何形状を扱うとき、**ベクトル**はとても有用な概念です。ベクトルは、大きさと向きを持った量です。空間内に始点 *S*と終点 *T*をとって、*S*から *T*へ向かう線分を描き、向きを区別するために終点に矢じりを付けて矢印として表すことがよく行われます。また、大きさも向きも変えずに、始点を別の点に移動しても同一のベクトルとみなすのがベクトルの概念です。まずは、点と点を結んで矢印を描くことから始めます。次のプログラムを作成して、▶のデバッグ開始ボタンを押してデバッグを開始してください。

CurveArrows()は、矢じりを描くための関数です。括弧の中の1つ目のパラメータは対象の線分です。2つ目のパラメータで線分の先端の種類を指定します。1は矢を始点に付け、2は終点に、3は両方に付けることを意味します（図32）。

```
1    import rhinoscriptsyntax as rs
2
3    S = (20, 10, 5)
4    T = (30, 20, 15)
5
6    line = rs.AddLine(S, T)
7    rs.CurveArrows(line, 2)
```

3	3次元座標(20, 10, 5)に始点をイメージして、Sと呼ぶ。
4	3次元座標(30, 20, 15)に終点をイメージして、Tと呼ぶ。
6	AddLine()関数を使ってSからTへ直線を描いて、lineと呼ぶ。
7	CurveArrows()関数を使ってlineの先端に矢印を付ける。

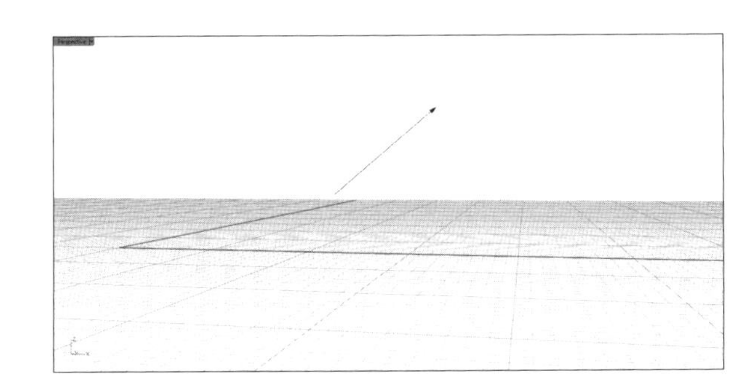

図32 AddLineとCurveArrowsによって描かれたベクトル

ベクトル成分を使って描く

前述の例で、ベクトルの成分を考えてみましょう。*x*方向には座標値20から30へと伸びていますので成分は30－20で10となります。同様に*y*方向成分は20－10で10、*z*方向成分は15－5で10、したがって、ベクトルの成分は(10, 10, 10)となります。ここでは、始点と終点ではなく、始点とベクトルの成分を与えてベクトルを描くことを考えてみます。次のプログラムを作成して、▶のデバッグ開始ボタンを押してデバッグを開始してください。

```
1    import rhinoscriptsyntax as rs
2
3    base_point = (20, 10, 5)
4    vector_A = (10, 10, 10)
5
6    rs.AddPoint(base_point)
7    tip_point = rs.PointAdd(base_point, vector_A)
8    line = rs.AddLine(base_point, tip_point)
9    rs.CurveArrows(line, 2)
```

3	始点を3次元座標(20, 10, 5)として、base_pointと呼ぶ。
4	ベクトル成分を(10, 10, 10)として、vector_Aと呼ぶ。
6	base_pointに点を描く。
7	ベクトルの先端の座標値をbase_pointとvector_Aの和とし、tip_pointと呼ぶ。
8	base_pointからtip_pointへ直線を描き、lineと呼ぶ。
9	lineの先端に矢じりを付ける。

AddPoint()は点を描く関数です。PointAdd()は点の座標値にベクトルの成分を加えて新たな点の座標値を計算する関数です。括弧の中の1つ目のパラメータは点の座標値です。2つ目のパラメータはベクトルの成分です。

ベクトルを描くための関数を作る

ベクトルを空間に描くには、始点とベクトルの成分がわかれば十分です。この例では、始点baseとベクトル成分vecをパラメータとして、空間にベクトルを描く関数AddVector()を作ります。次のプログラムを作成して、▶のデバッグ開始ボタンを押してデバッグを開始してください。図33のように2つのベクトルが生成されるでしょう。3~7行目までが、ベクトルを描く関数です。11行目と14行目で、その関数を使っています。

```
1   import rhinoscriptsyntax as rs
2
3   def AddVector(base, vec):
4       rs.AddPoint(base)
5       tip = rs.PointAdd(base, vec)
6       line = rs.AddLine(base, tip)
7       rs.CurveArrows(line, 2)
8
9   base_point = (20, 10, 5)
10  vector_A = (10, 10, 10)
11  AddVector(base_point, vector_A)
12
13  base_point = (0, 0, 0)
14  AddVector(base_point, vector_A)
```

3	AddVector()関数の見出し行。パラメータをbaseおよびvecとする。
4	baseに点を描く。
5	baseにvecを加えてベクトルの先端の座標値を計算し、tipと呼ぶ。
6	baseからtipへ直線を描いてlineと呼ぶ。
7	lineに矢じりを付ける。
9	座標値(20, 10, 5)をbase_pointと呼ぶ。
10	ベクトル成分(10, 10, 10)をvector_Aと呼ぶ。
11	AddVector()関数にbase_pointとvector_Aを渡して、空間にベクトルを描く。
13	base_pointのみを(0, 0, 0)に移動する。
14	再びベクトルを描く。

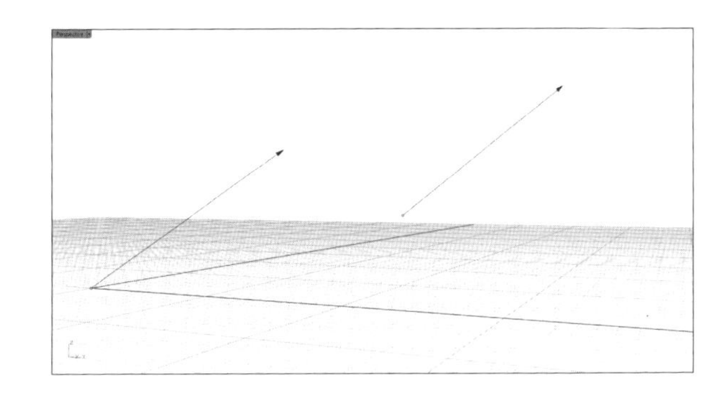

図33　描かれた2つのベクトル

ベクトル演算を実行する

ベクトルの和、スカラー積（内積）[1]とベクトル積（外積）[2]を計算して、結果を表示してみましょう（P.86 図34）。次のプログラムを作成して、▶のデバッグ開始ボタンを押してデバッグを開始してください。

```
1   import rhinoscriptsyntax as rs
2
3   # Function to draw a vector
4   def AddVector(base, vec):
5       rs.AddPoint(base)
6       tip = rs.PointAdd(base, vec)
7       line = rs.AddLine(base, tip)
8       rs.CurveArrows(line, 2)
9
10  # Base_point and direction of an original vector
11  base_point = (20, 10, 5)
12  vector_A = (10, 10, 10)
13  AddVector(base_point, vector_A)
14
15  # Create vector
16  vector_B = rs.VectorCreate((25, 16, -2), base_point)
17  AddVector(base_point, vector_B)
18
19  # Vector add
20  vector_C = rs.VectorAdd(vector_A, vector_B)
21  AddVector(base_point, vector_C)
22
23  # Vector dot product
24  s = rs.VectorDotProduct(vector_A, vector_B)
25  print s
26
27  # Vector cross product
28  vector_D = rs.VectorCrossProduct(vector_A, vector_B)
29  AddVector(base_point, vector_D)
30  length_D = rs.VectorLength(vector_D)
31  print length_D
```

#で始まる行はコメント（メモ）です。プログラムの実行には影響しません。

4-8	AddVector()関数（P.83）。
11	座標値(20, 10, 5)をbase_pointとする。
12	ベクトル成分(10, 10, 10)をvector_Aとする。
13	AddVector()関数を使って、vector_Aを描く。
16	VectorCreate()関数を使ってvector_Bを作る。
17	AddVector()関数を使って、vector_Bを描く。
20	VectorAdd()関数を使ってvector_Aとvector_Bの和を求めvector_Cと呼ぶ。
21	AddVector()関数を使ってvector_Cを描く。
24	VectorDotProduct()関数を使ってvector_Aとvector_Bの内積を計算する。その結果はスカラーとなるので、その値をsと呼ぶ。
25	printを使って、sの値を出力する。
28	VectorCrossProduct()関数を使って、vector_Aとvector_Bのベクトル積を計算する。その結果は2つのベクトルが作る面に垂直なベクトルとなるので、これをvector_Dと呼ぶ。
29	AddVector()関数を使って、base_pointの位置にvector_Dを描く。
30	VectorLength()関数を使ってvector_Dの長さを計算し、その値をlength_Dと呼ぶ。
31	printを使って、length_Dの値を出力する。

VectorDotProduct()は、ベクトルのスカラー積を求める関数です。VectorDotProduct()の括弧の中のパラメータは2つのベクトルです。2つのベクトルの順序は計算結果に影響がありません。VectorCrossProduct()は、ベクトル積を計算する関数です。VectorCrossProduct()の括弧の中のパラメータも2つのベクトルですが、順番が異なると符号が反対になりますので注意が必要です。

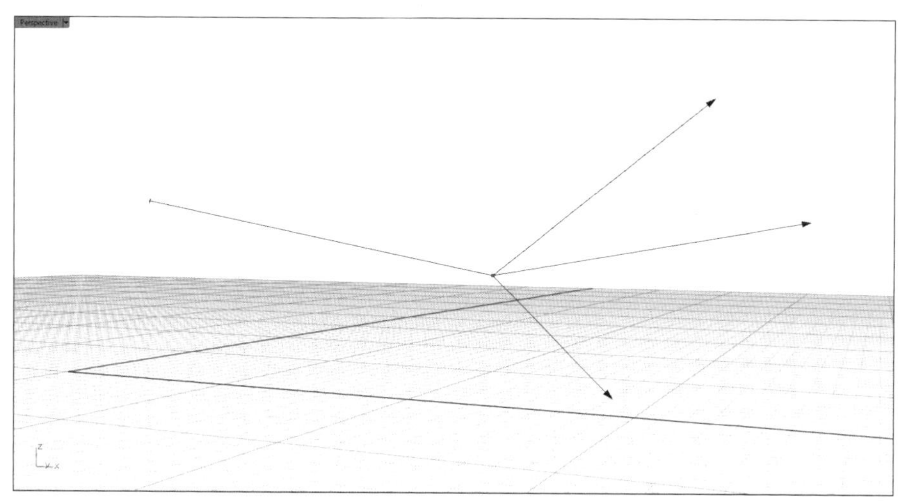

図34　描かれた3つのベクトル

註

1）スカラー積は内積とも呼ばれ、2つのベクトル$\vec{A}$と$\vec{B}$のスカラー積は$\vec{A}\cdot\vec{B}$という記号で表されることが多く、その値は次の式によって計算されます。

$$\vec{A}\cdot\vec{B} = A\cdot B\cos\theta$$

結果はスカラーとなります。図35のようにAとBはベクトルの大きさです。θは2つのベクトルのなす角で、角度$\theta = 90°$である場合には、$\cos\theta = 0$となり、スカラー積の値も0となります。ベクトルが成分で、

$$\vec{A} = (a_0, a_1, a_2), \vec{B} = (b_0, b_1, b_2)$$

のように表示されていれば、次のように計算することもできます。

$$\vec{A}\cdot\vec{B} = a_0 b_0 + a_1 b_1 + a_2 b_2$$

2）ベクトル積は外積とも呼ばれ、2つのベクトルから新たなベクトルを与える演算です。2つのベクトル$\vec{A}$と$\vec{B}$のベクトル積は$\vec{A}\times\vec{B}$という記号で表されることが多く、図36に示されるような新たなベクトル$\vec{C}$が生成されます。$\vec{C}$の大きさは$\vec{A}$と$\vec{B}$の作る平行四辺形の面積に等しく、方向はその面に垂直で、$\vec{A}$から$\vec{B}$へ回転する右ねじの進む向きとなります。

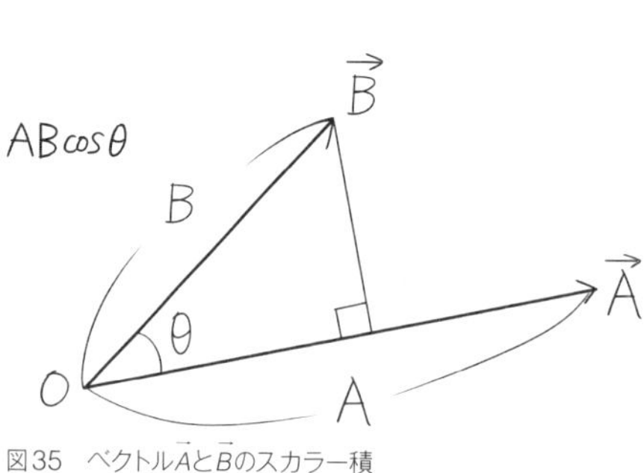

図35　ベクトル$\vec{A}$と$\vec{B}$のスカラー積

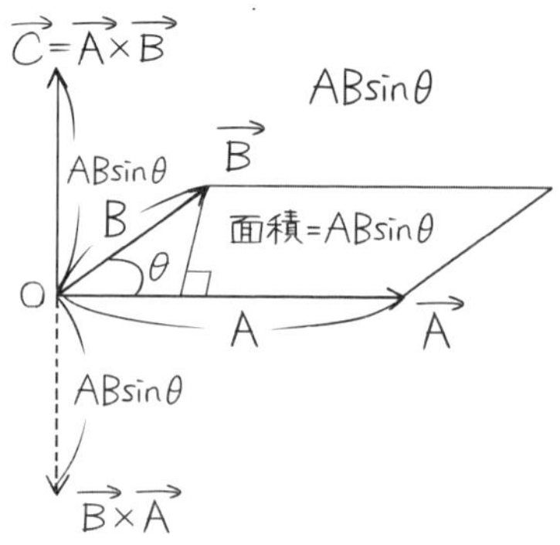

図36　ベクトル$\vec{A}$と$\vec{B}$のベクトル積

曲線の接線と法線を計算する

曲線の接線や法線を計算して、その結果を表示してみましょう。Rhinoのドキュメントに曲線を1つ描いて準備します（P.89図37）。次のプログラムを作成して、▶のデバッグ開始ボタンを押してデバッグを開始してください。正しくできていれば図38（P.89）のように曲線に接線と法線が生成されるでしょう。

```
1   import rhinoscriptsyntax as rs
2
3   def AddVector(base, vec):
4       tip = rs.PointAdd(base, vec)
5       line = rs.AddLine(base, tip)
6       rs.CurveArrows(line, 2)
7
8   curve = rs.GetObject("Select a curve", 4)
9   domain = rs.CurveDomain(curve)
10
11  n = 60
12  dt = ( domain[1] - domain[0] ) / n
13
14  for i in rs.frange(0, n, 1):
15      t = i * dt
16      xyz = rs.EvaluateCurve(curve, t)
17      rs.AddPoint(xyz)
18      tangent = rs.CurveTangent(curve, t)
19      if tangent:
20          x_axis = rs.VectorUnitize(tangent)
21          tangent = rs.VectorScale(x_axis, 20)
22          AddVector(xyz, tangent)
23      normal = [-tangent[1], tangent[0], 0]
24      if normal:
25          y_axis = rs.VectorUnitize(normal)
26          normal = rs.VectorScale(y_axis, 20)
27          AddVector(xyz, normal)
28      if tangent and normal:
29          bi_normal = rs.VectorCrossProduct(x_axis, y_axis)
30          z_axis = rs.VectorUnitize(bi_normal)
31          bi_normal = rs.VectorScale(z_axis, 20)
```

```
32                AddVector(xyz, bi_normal)
```

3-6	AddVector()関数。
8	曲線を1つ選択してその情報を取得し、curveと呼ぶ。
9	curveのパラメータ領域を調べて、domainと呼ぶ。
11	nに60を代入する。
12	domainの終点の値と始点の値の差を求め、n分割してきざみ値を計算し、その値をdtと呼ぶ。
14	forループを使って、0~nまでを1つずつ増加して繰り返す数iを生成する。
15	i * dtを計算して曲線のパラメータtの値を決める。
16	EvaluateCurve()関数を使って、tの指し示す曲線上の点の3次元座標を求め、xyzと呼ぶ。
17	AddPoint()関数を使って、xyzの位置に点を描く。
18	CurveTangent()関数を使って、tの指し示す曲線上の点で接線ベクトルを求め、そのベクトルをtangentと呼ぶ。
19	tangentが求められたときは以下20-22の処理を行う。
20	tangentを単位長さに修正してx_axisと呼ぶ。
21	x_axisという名のベクトルを20倍して、あらためてtangentと呼ぶ。
22	AddVector()関数を使って、xyzの位置からtangentベクトルを描く。
23	tangentに直交するベクトル[1]を作り、normalと呼ぶ。
24	normalが求められたときは以下25-27の処理を行う。
25	normalを単位長さに修正してy_axisと呼ぶ。
26	y_axisという名のベクトルを20倍して、あらためてnormalと呼ぶ。
27	AddVector()関数を使って、xyzの位置からnormalベクトルを描く。
28	normalとtangentの両方が求められたときは以下29-32の処理を行う。
29	x_axisとy_axisのベクトル積を計算し、その結果のベクトルをbi_normalと呼ぶ。
30	bi_normalを単位長さに修正してz_axisと呼ぶ。
31	z_axisという名のベクトルを20倍して、あらためてbi_normalと呼ぶ。
32	AddVector()関数を使って、xyzの位置からbi_normalベクトルを描く。

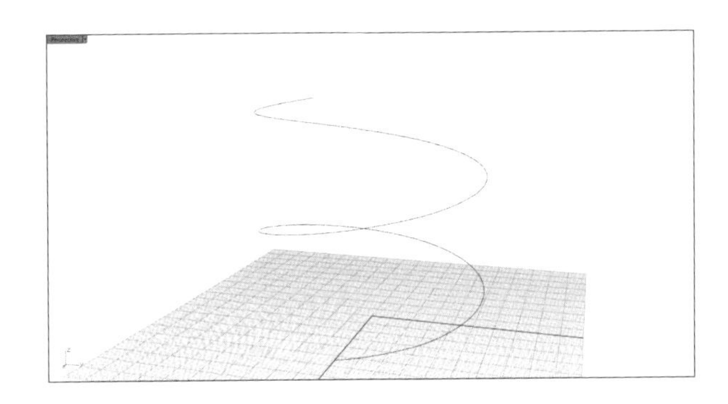

図37　Rhinoのコマンドを使って曲線を描いて準備する

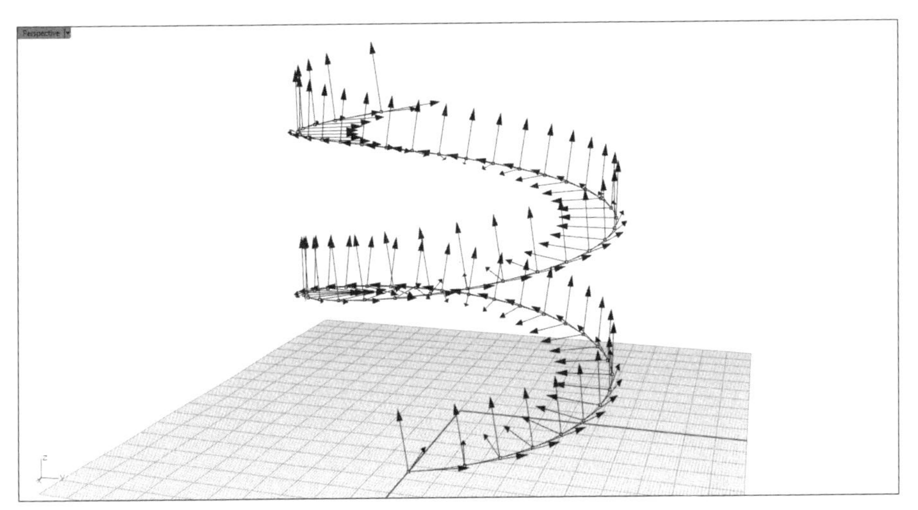

図38　生成された曲線の法線ベクトル(normal)と従法線(bi-normal)ベクトル

註

1) 2つのベクトルのスカラー積（内積）が0であれば、これらのベクトルが互いに直交していることがわかります。例えば、ベクトル$A=(1, 2, 3)$であるとき、これに直交するベクトルの中で$B=(-2, 1, 0)$もその1つです。これは、内積が、$1\times(-2)+2\times1+3\times0=0$となっていることからわかります。$B$は、$A$の1つ目と2つ目の成分を入れ替えて1つ目の符号を変え、3つ目は0としたのです。

6 ブーリアン

曲線と曲線の交点を計算する

曲線と曲線の交点を計算するプログラムを見てみましょう。2本の交差する曲線をRhinoのドキュメントに描き、準備します（図39）。次のプログラムを作成して、▶のデバッグ開始ボタンを押してデバッグを開始してください。

```
1   import rhinoscriptsyntax as rs
2
3   def ccx():
4       curve1 = rs.GetObject("Select first curve", 4)
5       curve2 = rs.GetObject("Select second curve", 4)
6       intersection_list = rs.CurveCurveIntersection
                                (curve1, curve2)
7       if intersection_list is None:
8           print "Selected curves do not intersect."
9           return
10
11      for intersection in intersection_list:
12          print "Point"
13          print "Intersection point on first curve:",
                    intersection[1]
14          print "Intersection point on second curve:",
                    intersection[3]
15          print "First curve parameter:",
                    intersection[5]
16          print "Second curve parameter:",
                    intersection[7]
17  ccx()
```

3	ccx()関数の見出し行。
4	1本目の曲線を選んで情報を取得し、curve1と呼ぶ。
5	2本目の曲線を選んで情報を取得し、curve2と呼ぶ。

6	`CurveCurveIntersection()`関数を使って、2本の曲線の交点を求め、その結果を`intersection_list`と呼ぶ。
7-9	交点がない場合、`print`を使って交差がないことを出力して関数を終了する。
11	交点がある場合、`for`ループをその要素の数だけ繰り返し、以下12-16を実行する。
12	`print`を使って、`Point`という見出しを出力する。
13	`print`を使って、1本目の曲線上の交点の座標を出力する。
14	`print`を使って、2本目の曲線上の交点の座標を出力する。
15	`print`を使って、1本目の曲線上の交点のパラメータ値を出力する。
16	`print`を使って、2本目の曲線上の交点のパラメータ値を出力する。
17	`ccx()`関数を呼び出す。

以下は、結果の一例です。メッセージエリアに2つの交点についての情報が出力されています。

```
Point
Intersection point on first curve: 34.2315193190225,-24.8527519172077,0
Intersection point on second curve: 34.2315193190225,-24.8527519172077,0
First curve parameter: 169.697274290
Second curve parameter: 124.893690928
Point
Intersection point on first curve: -39.2196962495666,9.34831610820743,0
Intersection point on second curve: -39.2196962495666,9.34831610820742,0
First curve parameter: 340.024081665
Second curve parameter: 37.6980110900
```

`CurveCurveIntersection()`は、曲線と曲線の交点を計算する関数です。括弧の中のパラメータは互いに交差する2本の曲線です。結果はリストとなり、一般に複数の交点の情報が順番に並んでいます。その中の`n`番目の1つに注目すれば、`[n][1]`は1本目の曲線上の交点の3次元座標、`[n][3]`は2本目の曲線上の交点の3次元座標、`[n][5]`は1本目の曲線上の交点のパラメータ値、`[n][7]`は2本目の曲線上の交点のパラメータ値となっています。

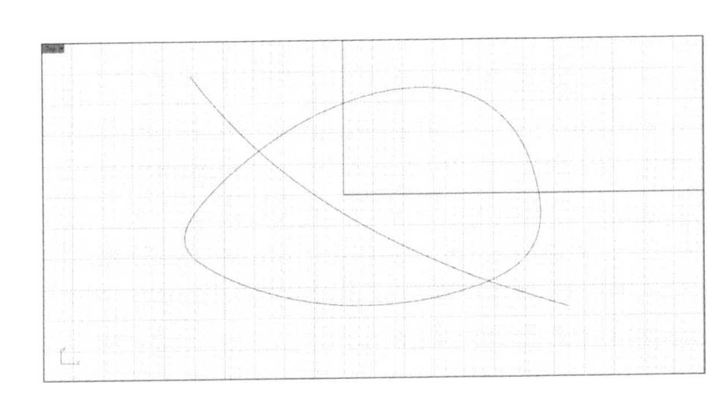

図39　Rhinoのドキュメントに交差する曲線を描いて準備する

2つの図形の共通部分を計算する

閉曲線で囲まれた2つの図形の共通部分を計算するプログラムを見てみましょう。図40のように同一平面上で互いに交差する2本の閉曲線をRhinoのドキュメントに描いて準備します。次のプログラムを作成して、▶のデバッグ開始ボタンを押してデバッグを開始してください。

```
1  import rhinoscriptsyntax as rs
2
3  curveA = rs.GetObject("Select first curve", 4)
4  curveB = rs.GetObject("Select second curve", 4)
5  result = rs.CurveBooleanIntersection(curveA, curveB)
6
7  if result:
8      rs.DeleteObject(curveA)
9      rs.DeleteObject(curveB)
```

3	1本目の曲線を選んで情報を取得し、`curveA`と呼ぶ。
4	2本目の曲線を選んで情報を取得し、`curveB`と呼ぶ。
5	`CurveBooleanIntersection()`関数を使って両方の曲線に囲まれる領域を計算して、その輪郭線を描き`result`と呼ぶ。
7	輪郭線が描けたら、以下の8-9を実行する。
8	`curveA`を削除する。
9	`curveB`を削除する。

`CurveBooleanIntersection()`は括弧の中のパラメータで示された2つの曲線の両方の曲線に囲まれる領域を計算する関数です。得られる曲線は、もとの2つの曲線と重なっていますので、ここでは`curveA`と`curveB`を削除しました（図41）。

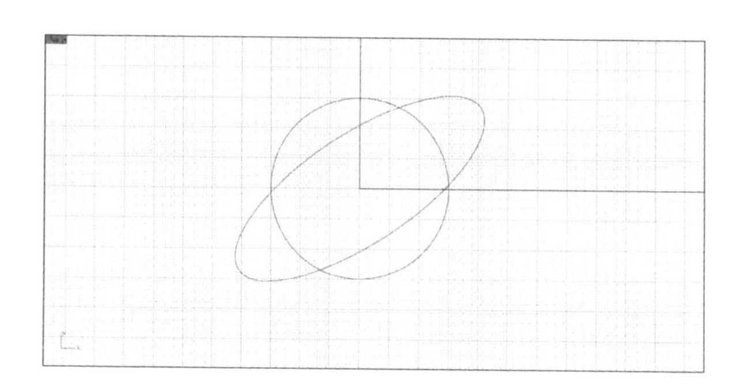

図40　同一平面上で互いに交差する2本の閉曲線

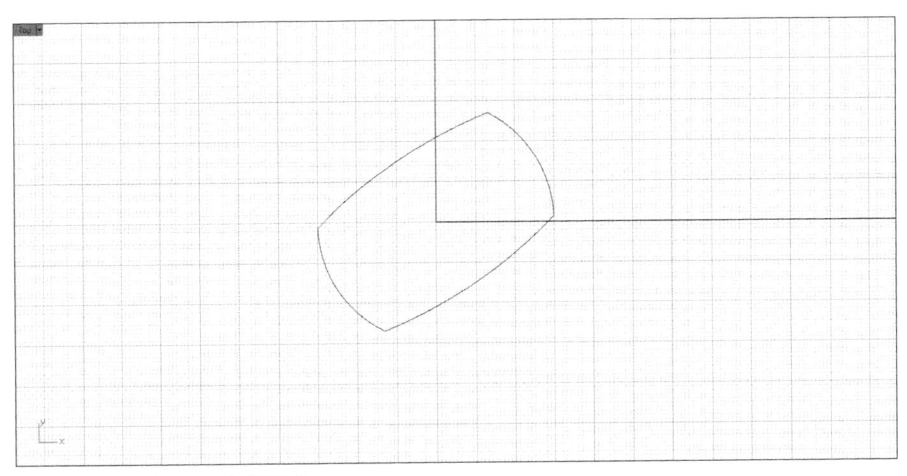

図41　2本の閉曲線に囲まれた共通部分

閉曲線を結合する

閉曲線の結合について見てみましょう。図40のように同一平面上で互いに交差する複数の閉曲線をRhinoのドキュメントに描いて準備します。次のプログラムを作成して、▶のデバッグ開始ボタンを押してデバッグを開始してください。CurveBooleanUnion()は括弧の中のパラメータで示された曲線群の少なくともどれかの曲線に囲まれている領域を計算し、その輪郭線を描く関数です。

```
1    import rhinoscriptsyntax as rs
2
3    curve_ids = rs.GetObjects("Select curves to union", 4)
4    if len(curve_ids)>1:
5        result = rs.CurveBooleanUnion(curve_ids)
6        if result: rs.DeleteObjects(curve_ids)
```

3	GetObjects()関数を用いて複数の曲線を選択し、その情報をまとめてリストcurve_idsとする。
4	curve_idsの要素数が1より大きいことをチェックする。つまり、複数であることをチェックする。
5	複数であるならCurveBooleanUnion()関数を使って、少なくともどちらかの曲線に囲まれている領域の輪郭線を描き、resultと呼ぶ。
6	輪郭線を描いたら、もとの曲線はすべて削除する。

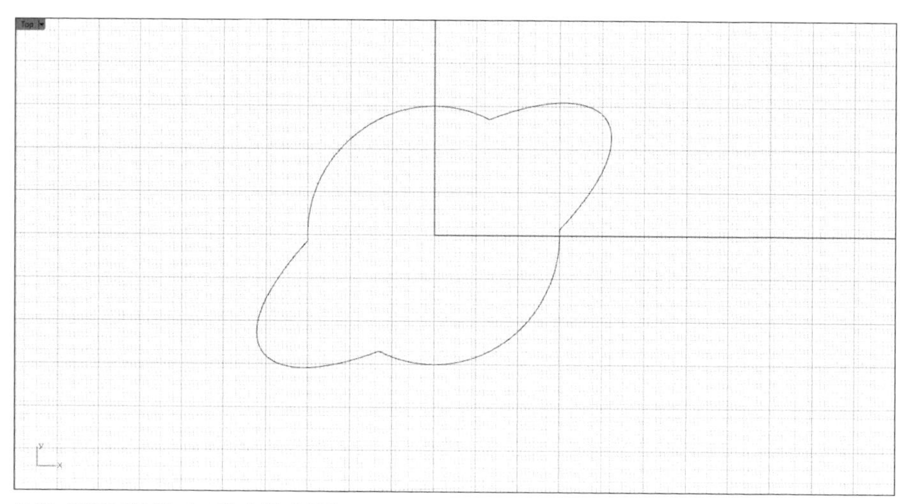

図42　閉曲線の結合によって生成された図形

Chapter 3

コンピュテーショナル・デザイン

Chapter1とChapter2で学んだプログラミングのテクニックを使って、6つの問題に挑戦します。
1つ目はサボテンです。ここでは、イメージした形をプログラミングを通して表現する方法を学びます。
2つ目は貝殻です。イメージを数式に置き換えて、プログラミングへつづけます。
3つ目は樹木です。再帰というプログラミンングに特有な方法を学びます。
再帰と自然界のさまざまな事象との関係を知ることができるでしょう。
4つ目はワッフリングです。立体を平面の組み合わせで表現することについて学びます。
5つ目は最適化を扱います。最適化という手法、
なかでも発見的最適化を使って形状を見つける方法を学びます。
6つ目はチューリング・パターンです。
方程式から形状が生成されるという一例を知ることができるでしょう。

1 イメージした形とプログラム

イメージした形を紙に鉛筆でスケッチするように、プログラミングでその形を画像にしてみましょう。紙と鉛筆のスケッチとはちがって、パラメータを変更したり、プログラム・コードの数行を書き換えたりするだけで何度もイメージを修正することが可能です。また、出来上がった画像のデータを3Dプリンターに送って、実際に手にして眺めたり触ったりすることができる物質として出力することも可能になります。

ここで取り上げるイメージは図1のようなサボテンです。サボテンにもいろいろな種類がありますが、球形のサボテンを選びました。球形の表面に子午線方向に伸びる棘の尾根が並び、尾根と尾根の間は谷となっています。そして、この尾根に鋭い棘が数本ずつ束となって規則正しく生えています。棘の根元には刺座またはアレオーレと呼ばれる器官がありますが、これは省略します。尾根の数は種類によってまちまちで、数が少なく比較的高い尾根と深い谷となっているものや、数が多くて尾根と谷の高さにあまり差のないものまでさまざまです。

図1　球形のサボテン

プログラミングのアウトライン

プログラミングのアウトラインを1～7に示します。おおまかなあらすじを把握してから始めましょう。

1. 尾根の数、高さ、棘の数、高さ、太さなどのパラメータを決める。
2. 尾根の形を作るための曲線を決める。
3. 尾根を適切な位置に配置する。
4. 断面のカーブを補間して曲面を作成するコマンドLoftによってサボテンの本体を作るとし、そのための断面を生成する。
5. 断面をロフト（Loft）して本体を作る。
6. 棘は円錐を組み合わせて作るとし、原点に棘の基本形を作成する。
7. 尾根曲線の各点に棘の基本形を適切な向きに貼り付ける。

Step 1　パラメータを設定する

尾根の数、高さ、棘の数、高さ、太さなどのパラメータを決めましょう。尾根の数、高さをそれぞれ`n`、`a`、棘の数、高さ、太さはそれぞれ`m`、`sh`、`sr`とします。長さの単位はmm（ミリメートル）を使います。

```
1    import rhinoscriptsyntax as rs
2    import math as ma
3
4    n = 12
5    a = 4
6    m = 6
7    sh = 10
8    sr = 0.5
```

1	`rhinoscriptsyntax`モジュールをインポートし、`rs`という略称を付ける。
2	数学のモジュール`math`をインポートし、`ma`という略称を付ける。
4	尾根の数を`n`とし、`12`を代入する。
5	尾根の高さを`a`とし、`4`を代入する。
6	棘の数を`m`とし、`6`を代入する。
7	棘の高さを`sh`とし、`10`を代入する。
8	棘の底面における半径を`sr`とし、`0.5`を代入する。

Step 2　尾根曲線を決める

尾根曲線を決定しましょう。このプログラムでは、*x-z*平面上（Front）で尾根曲線を根元の方から描いて*z*軸上に終点を置くことを前提にします。ですから、Rhinoのコマンドを使って、Front画面で図2のように尾根曲線を根元から頂部に向かって描いて準備します。サボテンはこの曲線を*z*軸のまわりに回転して作ります。これから作るプログラムでは、直径も高さも100mm程度の大きさを想定しています。別のサイズにしたいなら、棘のサイズなどのパラメータを調節してください。

まず、準備した曲線をプログラム中に取得します。Rhinoのドキュメント上に描かれた曲線を選択して`curve`と名付けるには`rs.GetObject()`関数を使います。

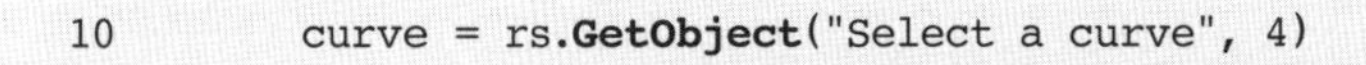

```
10    curve = rs.GetObject("Select a curve", 4)
```

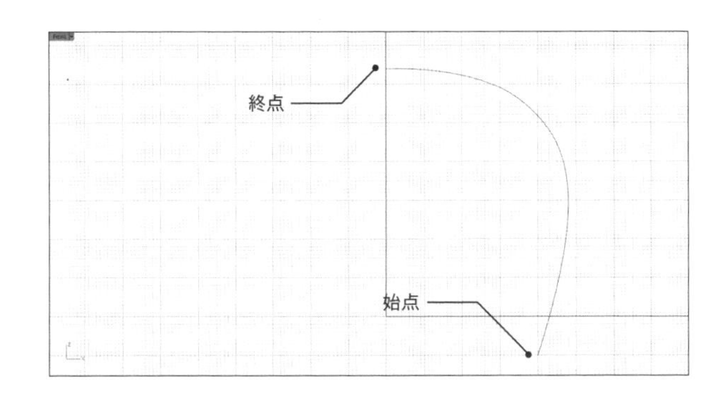

図2　RhinoのFront画面に尾根曲線を描いて準備する

Step 3　尾根を配置する

n本の尾根を描きます（図3）。もとになるのは先ほど選んでタグを付けた曲線curveです。これを、適切な位置に移動してコピーします。n本の尾根曲線のそれぞれをridgesというリストに追加していきます。

```
13        ridges = []
14        dphi = 360.0 / n
15        for k in range(0, n):
16            phi = k * dphi
17            xform = rs.XformRotation2(phi, [0,0,1], [0,0,0])
18            ridges.append(rs.TransformObject(curve, xform, True))
```

13	n本の尾根曲線をまとめて扱うために、空のリストridgesを用意する。
14	1周360度をn分割し、その間隔を計算する。単位は度（°）。
15	尾根を1本ずつ描くために、以下の計算をn回繰り返す。
16	配置する角度phi（ϕ）を計算する。
17	座標変換マトリクスxformを作る。
18	もとのcurveのコピーをxformで指定された位置に配置する。

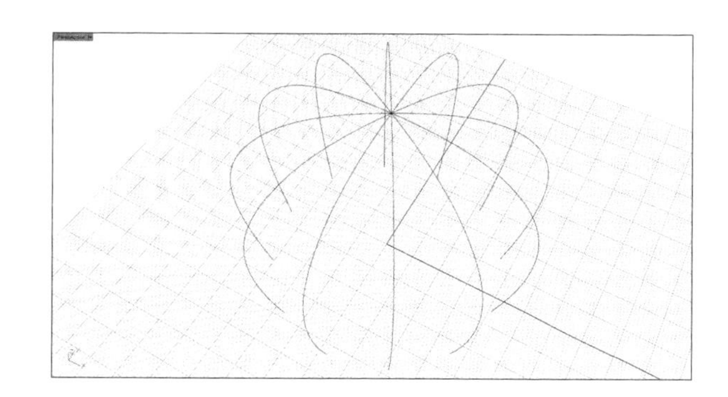

図3　変数nで指定された数だけ配置された尾根曲線

Step 4　Loftのための断面曲線を描く

Top画面で考えましょう。尾根曲線を10分割し、それぞれを、z軸のまわりに回転することを考えます。このとき、図4のように半径Rが単純に回転すれば円になってしまいますが、これに図5に示すような波を組み合わせて、半径が伸び縮みするようにすれば花びらのような形になり、尾根と谷を作るための断面を生成できます（図6）。図4の円上の各点のx座標とy座標は次の式（1）（2）で計算できます。

$x = R\cos\phi$　　　　（1）

$y = R\sin\phi$　　　　（2）

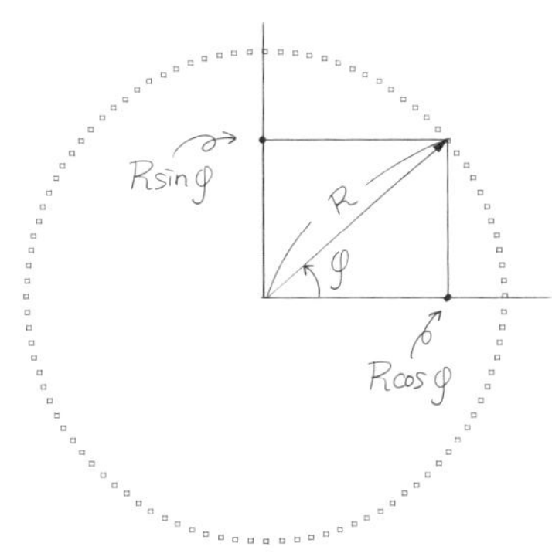

図4　半径Rが回転すると正円が生成される

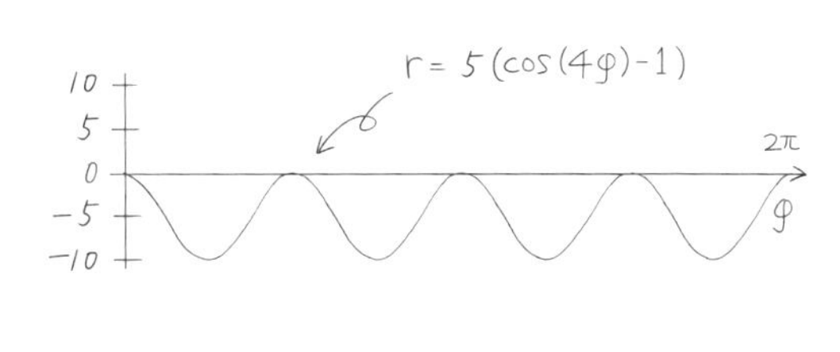

図5　半径を伸縮させるための波

また、図5の波は式（3）で計算できます。aは波の振幅、nは波の数です。

$$r = a \cdot (\cos n\phi - 1) \qquad (3)$$

式（3）のrが基本的な半径のRに加わると半径が伸縮します。したがって、求めたい断面曲線は2つを組み合わせて式（4）（5）で計算できます。

$$x = \{R + a \cdot (\cos n\phi - 1)\} \cos\phi \qquad (4)$$
$$y = \{R + a \cdot (\cos n\phi - 1)\} \sin\phi \qquad (5)$$

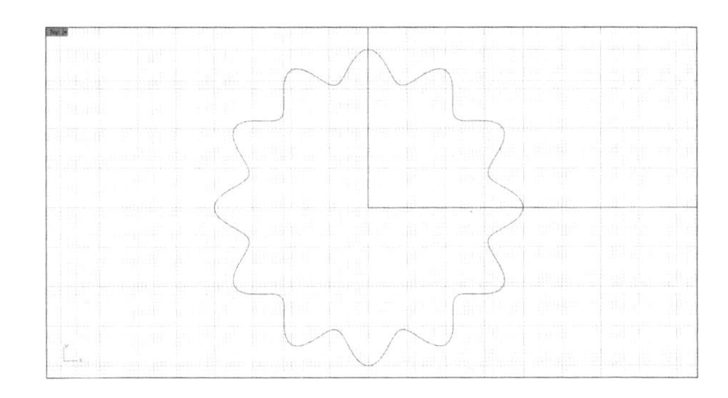

図6　式(4)(5)を使って描いた尾根と谷のある断面曲線

この部分だけのプログラムは、次のようになります。新しいページにプログラムを書いて試しましょう。

```
1    import rhinoscriptsyntax as rs
2    import math as ma
3
```

```
4        points = []
5        R = 40
6        a = 4
7        n = 12
8        z = 0
9        dphi = 2 * ma.pi / 100
10       for k in range(0, 101):
11           phi = k * dphi
12           x = (R + a*(ma.cos(n*phi) - 1)) * ma.cos(phi)
13           y = (R + a*(ma.cos(n*phi) - 1)) * ma.sin(phi)
14           points.append([x, y, z])
15       rs.AddInterpCurve(points)
```

4	点列をまとめて扱うために、空のリストpointsを用意する。
5	半径Rを40と設定する。
6	振幅aを4と設定する。
7	波の数nを12と設定する。
8	z座標を設定する。
9	2π(360度)を100分割して、角度の間隔dphiを計算する。
10	100点の座標を計算するために、以下の計算を繰り返す。
11	間隔dphiとkを掛け算して、角度phi(φ)を計算する。
12	点のx座標値を式(4)で計算する。
13	点のy座標値を式(5)で計算する。
14	点のリストに計算した点を追加する。
15	計算の繰り返しが終了したら、点をつないで尾根と谷の断面曲線を描く。

Step 5 尾根曲線をもとに断面曲線を描く

もとのプログラムに戻って、この計算方法でサボテンの断面曲線を描いてみましょう。まず尾根曲線の10分割ですが、curveのパラメータの範囲を調べるため、rs.CurveDomain()関数を使います。範囲を10で割って間隔を計算し、これをdtと呼ぶことにします。

```
21       domain = rs.CurveDomain(curve)
22       sections = []
23       dt = (domain[1] - domain[0]) / 10
```

```
21        curveのパラメータ領域を調べる。
22        断面曲線をまとめて扱うために、空のリストsectionsを用意する。
23        10分割したときのパラメータの間隔dtを計算する。
```

分割された各点について計算を繰り返しますから、`for i in range(0, 10):`です。これらの点の1つに対して断面が1つ作られます。これらの点のx座標値を半径Rとして前述の方法で断面曲線を描きます（図7）。頂上の部分だけは特別に小さな円を描いて断面曲線とします。整理すると次のようになります。

```
24        for i in range(0, 10):
25            t = domain[0] + i * dt
26            points = []
27            xyz = rs.EvaluateCurve(curve, t)
28            R = xyz[0]
29            z = xyz[2]
30            dphi = 2 * ma.pi / 100
31            for k in range(0, 101):
32                phi = k * dphi
33                x = (R + a*(ma.cos(n*phi) - 1)) * ma.cos(phi)
34                y = (R + a*(ma.cos(n*phi) - 1)) * ma.sin(phi)
35                points.append([x, y, z])
36            sections.append(rs.AddInterpCurve(points))
37        top = rs.EvaluateCurve(curve, domain[1])
38        plane = rs.PlaneFromNormal(top, [0,0,1])
39        sections.append(rs.AddCircle(plane, 1))
```

```
24        分割された各点について、以下の計算を繰り返す。
25        パラメータtを決める。
26        100個の点をしまっておく空のリストpointsを用意する。
27        パラメータtで与えられる曲線curve上の座標値を計算する。
28        座標の0番目の成分（x座標値）を半径Rとする。
29        座標の2番目の成分（z座標値）を高さzとする。
30        2π（360度）を100分割して、角度の間隔dphiを計算する。
31        1本の断面曲線を100個の点で構成するため、計算を100回繰り返す。
32        間隔dphiとkを掛け算して角度phi（ラジアン）を計算する。
33        点のx座標値を式（4）で計算する。
```

34	点のy座標値を式(5)で計算する。
35	pointsに点を追加する。
36	rs.AddInterpCurve(points)関数で断面曲線を描き、sectionsに追加する。
37	頂部の座標値を計算してtopと呼ぶ。
38	topで*x-y*平面に平行な面を作って、planeと呼ぶ。
39	最後に頂部に円を描いて、sectionsに追加する。

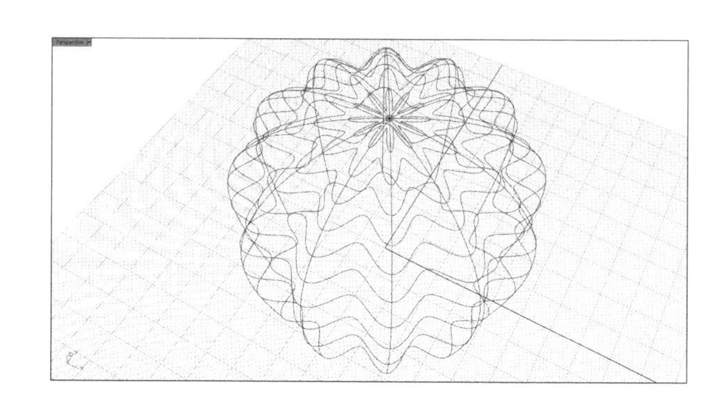

図7　ロフトするために描かれた10本の断面曲線と頂点の小さい円

Step 6　ロフトしてサボテンの本体を作る

レイヤ[1]をCactusに切り替えて、そこに断面曲線sections（図7）をロフトしてサボテンの本体を作り、最後に穴をふさいで完成します（図8）。

```
41          rs.AddLayer("Cactus")
42          rs.CurrentLayer("Cactus")
43          surf = rs.AddLoftSrf(sections)
44          rs.CapPlanarHoles(surf)
```

41	新しいレイヤCactusを追加する。
42	**カレントレイヤ**[2]をCactusに切り替える。
43	rs.AddLoftSrf(sections)関数でロフトして、surfと名付ける。
44	rs.CapPlanarHoles(surf)関数で穴をふさぐ。

註

1）ドキュメントは、複数のレイヤに分けることができます。レイヤは透明なフィルムと考えるとよいでしょう。透明なフィルムに分けて描いて重ねることで1枚の図面が完成します。レイヤに分けておけば、部分ごとの修正や追加が容易になります。

2）現在選択されているレイヤのことです。

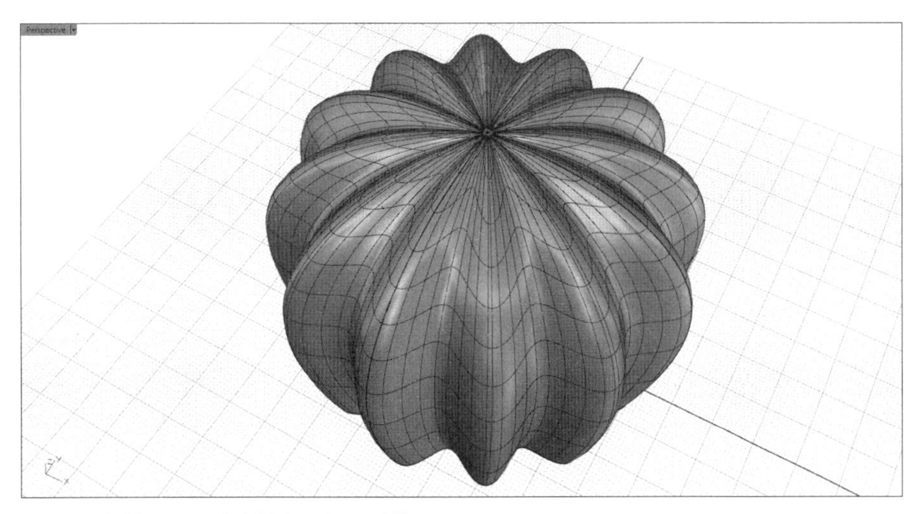

図8　断面曲線をロフトして生成されたサボテンの本体

Step 7　棘の基本形を作る

円錐形の棘をAddCorn()関数を使って描きます。高さshの円錐を底面に原点が来るように描きたいので、高さshだけ下がった位置[0,0,-sh]に頂点を置いて、rs.AddCone([0,0,-sh], sh, sr)として棘を1本作ります。これを指定された棘の数mだけ傾けながらコピーして棘の束とします。最後に中央の棘を削除して棘の基本形の完成です（図9）。

棘を傾けながら適切な位置にコピーするには、図10のようにその方向を示すベクトルを計算しておいて、もとになる棘の方向[0,0,1]をその方向に変更するための座標変換マトリクスを使って配置します。図10に示すように長さ1のベクトルのxy平面への射影は$\sin\theta$です。これを分解するとx座標値は$\sin\theta\cos\phi$、y座標値は$\sin\theta\sin\phi$となります。また、z座標値は$\cos\theta$です。したがって、棘の基本形を作成するコードは次のようになります。

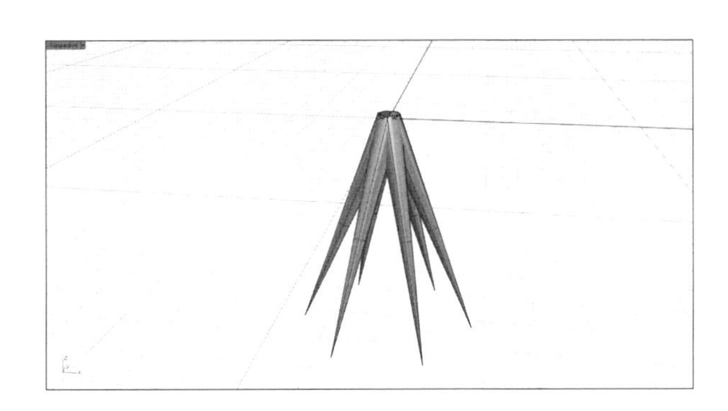

図9　とがった円錐を指定された棘の数だけ傾けながらコピーして配置した棘の基本形

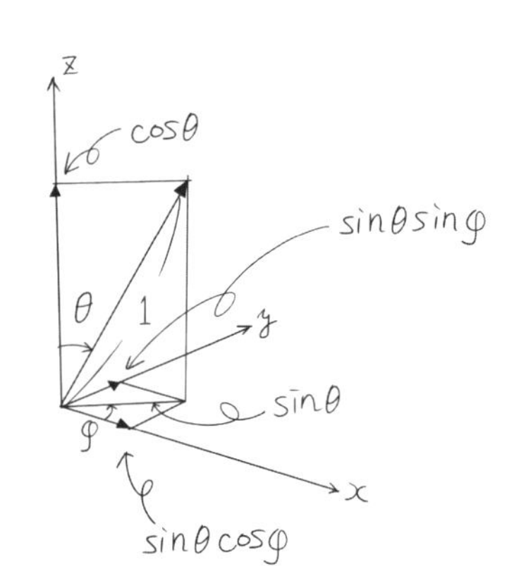

図10　棘の方向を示すベクトル成分
($\sin\theta\cos\phi$、$\sin\theta\sin\phi$、$\cos\theta$)

```
47        cone = rs.AddCone([0,0,-sh], sh, sr)
48        basis = []
49        theta = ma.pi / 8
50        dphi = 2*ma.pi / m
51        for k in range(0, m):
52            phi = k * dphi
53            x = ma.sin(theta) * ma.cos(phi)
54            y = ma.sin(theta) * ma.sin(phi)
55            z = ma.cos(theta)
56            matrix = rs.XformRotation3([0,0,1], [x,y,z], [0,0,0])
57            basis.append(rs.TransformObject(cone, matrix, True))
58        rs.DeleteObject(cone)
```

47　原点に円錐を描いて中央の棘を作る。
48　棘の束をまとめて扱うために空のリスト`basis`を用意する。
49　z軸からの傾き角を`theta`(θ)として、$\pi/8$ラジアン(約23度)を設定する。
50　`m`本の棘の間の角度を計算する。
51　`m`本の棘を描くために、以下の計算を繰り返す。
52　角度`phi`(ϕ)を計算する。
53　`x`座標値を計算する。
54　`y`座標値を計算する。
55　`z`座標値を計算する。
56　座標変換マトリクスを計算する。
57　中央に描いた棘をコピーして適切な位置に貼り付ける。
58　`m`本すべてを指定の位置に作成したら、中央の棘を削除する。

Step 8　棘を配置する

尾根曲線を10分割して、その各点に棘を配置します。サボテンを観察すると、棘の束は生えている面に対して垂直な方向を向いています。そこで、このプログラムでも棘の基本形の *z* 方向が、尾根曲線の各点においてその法線方向と一致するように座標変換して貼り付けていくことにしましょう。

まず、図11のようなローカルな座標を考えます。このように空間の各点において個別に定義された座標系は、**局所座標系**と呼ばれます。尾根曲線の各点において**接線ベクトル**を計算し、これを局所 *x* 座標の方向とします。このベクトルと**位置ベクトル**の作る面に垂直なベクトルの方向を局所 *y* 座標の方向とします。この計算には、ベクトル積を使います。*x* 方向と *y* 方向が決まったら、この2つのベクトルのベクトル積から局所 *z* 座標の方向を計算することができます。

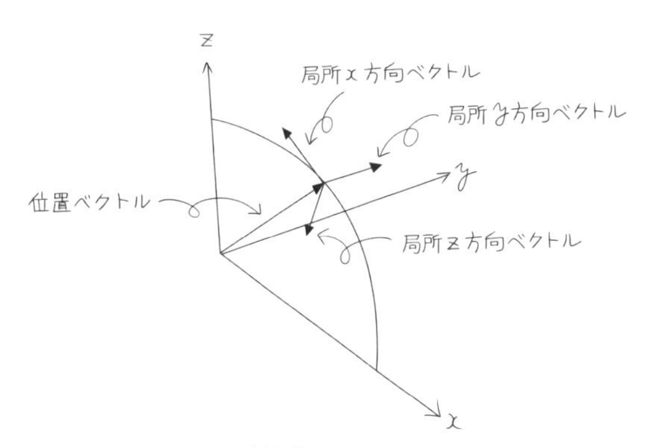

図11　尾根曲線上の局所座標系

```
60        for crv in ridges:
61            domain = rs.CurveDomain(crv)
62            dt = (domain[1] - domain[0]) / 10
63            for j in range(1, 10):
64                t = domain[0] + j * dt
65                point = rs.EvaluateCurve(crv, t)
66                xaxis = rs.CurveTangent(crv, t)
67                yaxis = rs.VectorCrossProduct(xaxis, point)
68                zaxis = rs.VectorCrossProduct(xaxis, yaxis)
69                matrix = rs.XformRotation3([0,0,1], zaxis, [0,0,0])
70                copy = rs.TransformObjects(basis, matrix, True)
71                matrix = rs.XformTranslation(point)
72                rs.TransformObjects(copy, matrix)
73        rs.DeleteObjects(basis)
```

60	尾根曲線のすべてに対して、以下の計算を繰り返す（図12）。
61	それぞれの尾根曲線の始点と終点のパラメータ値を調べる。
62	10分割するときの間隔`dt`を計算する。
63	1つの尾根に対して、分割点のそれぞれに以下の計算を繰り返す。
64	棘束を配置する位置を示すパラメータ`t`を計算する。
65	パラメータ`t`が示す点の座標値を求める。
66	その点の接線方向を局所座標のx方向として、`xaxis`と呼ぶ。
67	x方向ベクトルと点の位置ベクトルのベクトル積を求めy方向ベクトルを作り、`yaxis`と呼ぶ。
68	x方向ベクトルとy方向ベクトルに直交するz方向ベクトルを求めて、`zaxis`と呼ぶ。
69	`[0,0,1]`を`zaxis`の方向へ座標変換するためのマトリクスを計算する。
70	`zaxis`の方向に座標変換して、棘の基本形`basis`を適切な方向に向ける[1)]。
71	前述の棘束を`point`の位置まで移動するためのマトリクスを作る。
72	このマトリクスを使って棘束を移動する（図13）。
73	すべてが完成したら、棘の基本形`basis`を削除する（図14）[1)]。

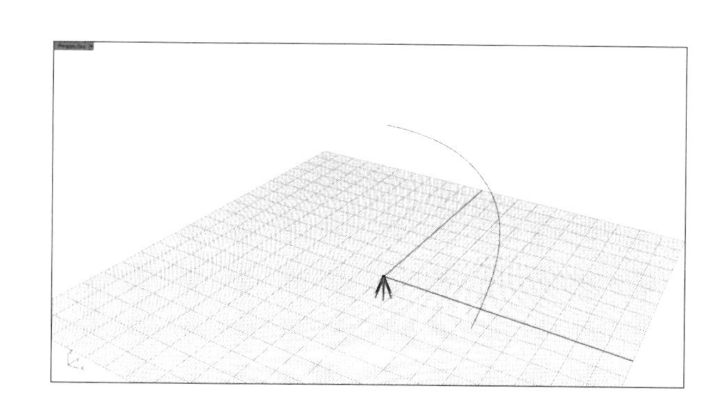

図12　原点に作った棘の基本形をコピーして尾根曲線に配置する

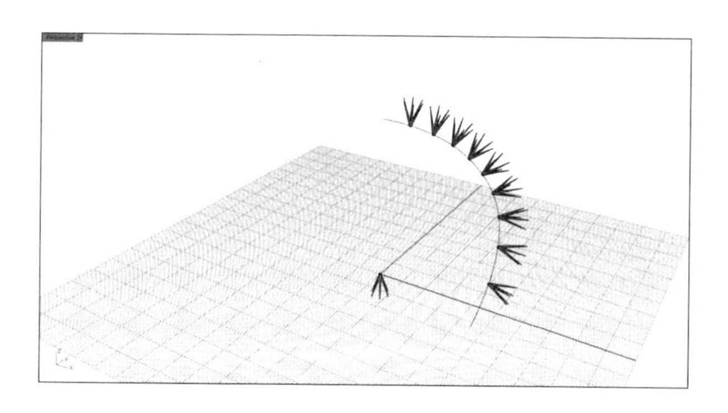

図13　尾根を10分割して作った9個の各点に配置された棘束

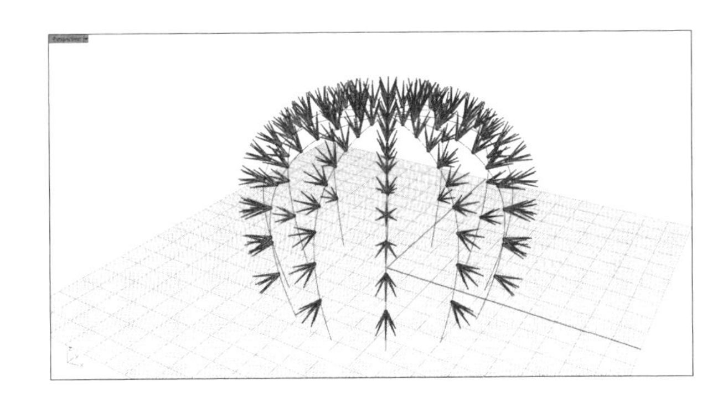

図14　すべての尾根とその上に並んだ棘束。棘の基本形は削除

プログラムの全体は次のようになります。実行すると図15（P.109）のようなサボテンが描けるでしょう。

```
1    import rhinoscriptsyntax as rs
2    import math as ma
3
4    n = 12
5    a = 4
6    m = 6
7    sh = 10
8    sr = 0.5
9
10   curve = rs.GetObject("Select a curve", 4)
11
12   #Draw ridge curves
13   ridges = []
14   dphi = 360.0 / n
15   for k in range(0, n):
16       phi = k * dphi
17       xform = rs.XformRotation2(phi, [0,0,1], [0,0,0])
18       ridges.append(rs.TransformObject(curve, xform, True))
19
20   #Draw cactus body
21   domain = rs.CurveDomain(curve)
22   sections = []
23   dt = (domain[1] - domain[0]) / 10
24   for i in range(0, 10):
```

```
25            t = domain[0] + i * dt
26            points = []
27            xyz = rs.EvaluateCurve(curve, t)
28            R = xyz[0]
29            z = xyz[2]
30            dphi = 2 * ma.pi / 100
31            for k in range(0, 101):
32                phi = k * dphi
33                x = (R + a*(ma.cos(n*phi) - 1)) * ma.cos(phi)
34                y = (R + a*(ma.cos(n*phi) - 1)) * ma.sin(phi)
35                points.append([x, y, z])
36            sections.append(rs.AddInterpCurve(points))
37        top = rs.EvaluateCurve(curve, domain[1])
38        plane = rs.PlaneFromNormal(top, [0,0,1])
39        sections.append(rs.AddCircle(plane, 1))
40
41        rs.AddLayer("Cactus")
42        rs.CurrentLayer("Cactus")
43        surf = rs.AddLoftSrf(sections)
44        rs.CapPlanarHoles(surf)
45
46        # Draw spines
47        cone = rs.AddCone([0,0,-sh], sh, sr)
48        basis = []
49        theta = ma.pi / 8
50        dphi = 2*ma.pi / m
51        for k in range(0, m):
52            phi = k * dphi
53            x = ma.sin(theta) * ma.cos(phi)
54            y = ma.sin(theta) * ma.sin(phi)
55            z = ma.cos(theta)
56            matrix = rs.XformRotation3([0,0,1], [x,y,z], [0,0,0])
57            basis.append(rs.TransformObject(cone, matrix, True))
58        rs.DeleteObject(cone)
59
60        for crv in ridges:
```

```
61            domain = rs.CurveDomain(crv)
62            dt = (domain[1] - domain[0]) / 10
63            for j in range(1, 10):
64                t = domain[0] + j * dt
65                point = rs.EvaluateCurve(crv, t)
66                xaxis = rs.CurveTangent(crv, t)
67                yaxis = rs.VectorCrossProduct(xaxis, point)
68                zaxis = rs.VectorCrossProduct(xaxis, yaxis)
69                matrix = rs.XformRotation3([0,0,1], zaxis, [0,0,0])
70                copy = rs.TransformObjects(basis, matrix, True)
71                matrix = rs.XformTranslation(point)
72                rs.TransformObjects(copy, matrix)
73        rs.DeleteObjects(basis)
```

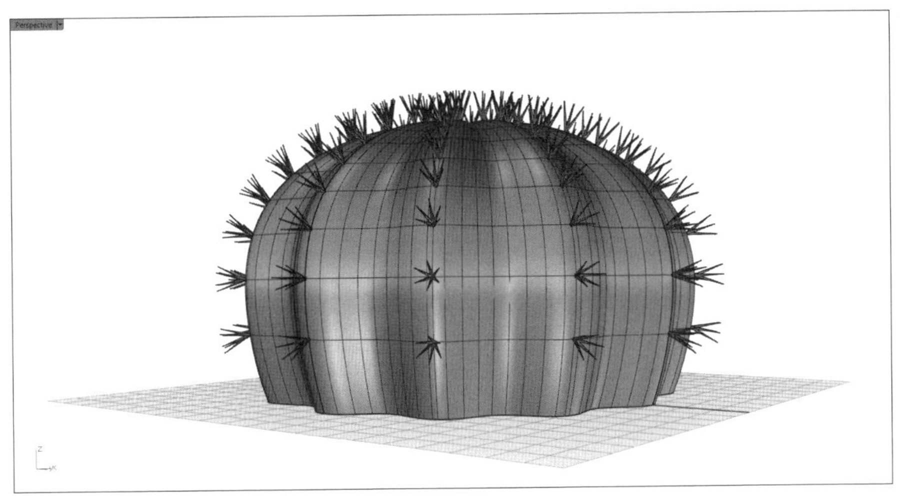

図15　プログラムを実行して完成したサボテン

図16 (P.110)のようなサボテンを作るには、前述のプログラムを少し発展させる必要があります。次に示すプログラムはその一例です。このプログラムでは、一連のプログラムを機能ごとに分割してそれぞれを関数としましたので、参考にしてください。

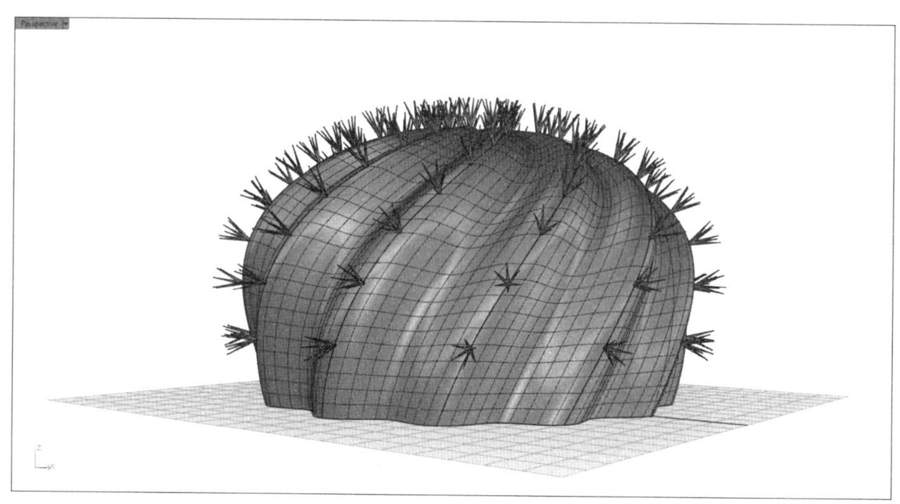

図16 拡張したプログラムを実行してできた、ねじれた尾根を持つサボテン

```
1   import rhinoscriptsyntax as rs
2   import math as ma
3
4   n = 12
5   r = 4
6   omega = ma.pi/24
7   m = 6
8   height = 10
9   radius = 0.5
10
11  curve = rs.GetObject("Select a curve", 4)
12
13  def cactusBody(curve, n, r, omega):
14      theta = 2*ma.pi/n
15      domain = rs.CurveDomain(curve)
16      pts = []
17      dt = (domain[1] - domain[0]) / 10
18      t = domain[0]
19      for i in range(0, 11):
20          xyz = rs.EvaluateCurve(curve, t)
```

```
21            x = xyz[0]*ma.cos(omega*i)
22            y = xyz[0]*ma.sin(omega*i)
23            z = xyz[2]
24            p = rs.AddPoint(x, y, z)
25            pts.append(p)
26            t = t + dt
27        curve1 = rs.AddInterpCurve(pts)
28        rs.DeleteObjects(pts)
29
30        domain = rs.CurveDomain(curve1)
31        dt = (domain[1] - domain[0])
32        xyz = rs.EvaluateCurve(curve1, domain[0])
33        R = xyz[0]
34        pts = []
35        df = theta /10
36        for i in range(0, 11):
37            f = i * df
38            x = (R + r*(ma.cos(n*f)-1))*ma.cos(f)
39            y = (R + r*(ma.cos(n*f)-1))*ma.sin(f)
40            z = xyz[2]
41            p = rs.AddPoint(x, y, z)
42            pts.append(p)
43        section = [rs.AddInterpCurve(pts)]
44        rs.DeleteObjects(pts)
45
46        xform = rs.XformRotation2(theta*180/ma.pi, [0,0,1], [0,0,0])
47        curve2 = rs.TransformObjects(curve1, xform, True)
48        rails = [curve1, curve2]
49        prt = rs.AddSweep2(rails, section)
50        rs.DeleteObject(section)
51
52        surfs = [prt]
53        for k in range(1, n):
54            xform = rs.XformRotation2(k*theta*180/ma.pi,
                                          [0,0,1], [0,0,0])
55            surfs.append(rs.TransformObject(prt, xform, True))
```

```
56          surf = rs.JoinSurfaces(surfs)
57          rs.CapPlanarHoles(surf)
58
59          ridges = []
60          for k in range(0, n):
61              theta = k * 360.0/n
62              xform = rs.XformRotation2(theta, [0,0,1], [0,0,0])
63              ridges.append(rs.TransformObject(curve1, xform,
                                                                True))
64          rs.DeleteObject(curve1)
65          rs.DeleteObject(curve2)
66          return ridges
67
68      def cactusSpines(curves, m, height, radius):
69          plane = rs.PlaneFromFrame([0, 0, height], [1,0,0],
                                                      [0,-1,0])
70          cone = rs.AddCone(plane, height, radius)
71
72          basis = []
73          theta = ma.pi/8
74          dphi = ma.pi*2/m
75          for k in range(0, m):
76              phi = k * dphi
77              x = ma.sin(theta)*ma.cos(phi)
78              y = ma.sin(theta)*ma.sin(phi)
79              z = ma.cos(theta)
80              xform = rs.XformRotation3([0,0,1], [x,y,z], [0,0,0])
81              basis.append(rs.TransformObject(cone, xform, True))
82          rs.DeleteObject(cone)
83
84          n = len(curves)
85          for k in range(0, n):
86              curve = curves[k]
87              domain = rs.CurveDomain(curve)
88              dt = (domain[1] - domain[0]) / 10
89              t = domain[0]
```

```
90                for i in range(1, 10):
91                    t = t + dt
92                    point = rs.EvaluateCurve(curve, t)
93                    yaxis = rs.VectorUnitize
                                      (rs.CurveTangent(curve, t))
94                    xaxis = rs.VectorScale(rs.VectorUnitize
                           (rs.VectorCrossProduct(yaxis, point)), 20)
95             zaxis = rs.VectorUnitize(rs.VectorCrossProduct
                                                  (xaxis, yaxis))
96                    xform = rs.XformRotation3([0,0,1], zaxis, [0,0,0])
97                    copy = rs.TransformObjects(basis, xform, True)
98                    xform = rs.XformTranslation(point)
99                    rs.TransformObjects(copy, xform)
100           rs.DeleteObjects(basis)
101
102       rs.AddLayer("Cactus")
103       rs.CurrentLayer("Cactus")
104       ridges = cactusBody(curve, n, r, omega)
105       cactusSpines(ridges, m, height, radius)
106
107       rs.DeleteObjects(ridges)
```

cactusBody()は、サボテンの本体を作る関数です。尾根曲線、その本数、谷の深さ、ねじれの係数をパラメータとして受け取ると、図16のような、ねじれた尾根を持つサボテンの本体を作ります。もう一つのcactusSpines()は、棘を作る関数です。尾根曲線、棘の数、高さ、太さをパラメータとして受け取ると、棘の基本形を作って、尾根の適切な位置と方向に配置します。ねじれの係数omegaは、21行目と22行目で使われています。

註

1）TransformObjects、DeleteObjectsの語尾にsが付いていることに注意してください。これらは、複数のオブジェクトを対象としています。

2 数式と貝殻

形を数式で表現してみましょう。自然界にある美しい形、そこには驚くほどの数学的な秘密が隠されています。**黄金比**の話はあまりにも有名です。また、その黄金比を自然界に存在する法則として数式化した**フィボナッチ数列**もよく知られています。ここで取り上げるのは図17や図18のような巻貝です。

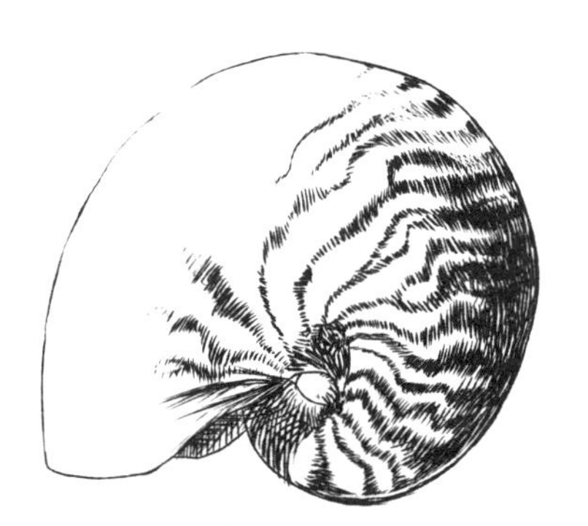

図17 オウム貝の螺旋

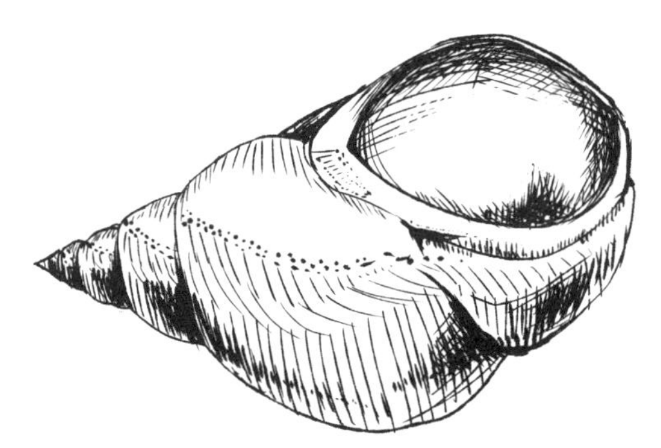

図18 巻貝の一種

プログラミングのアウトライン

プログラミングのアウトラインを1~7に示します。おおまかなあらすじを把握してから始めましょう。完成までを2段階に分けて考えることにします。はじめは、図17のような貝殻の断面に現れる螺旋(らせん)を考察し描きます。これは、以下の1と2の部分です。次の段階は、図18のような立体にする部分です。これは、螺旋を円錐に巻きつけるイメージで3~7のように進めます。

1. 図19のような螺旋を平面上に描く。
2. 図20(P.116)のように、円と隣の円がちょうど接するような螺旋の係数を見つける。
3. 円錐の幾何学を考える。
4. 円錐上で螺旋を描くことを考える。
5. 螺旋上にロフト(Loft)のための断面を配置する。
6. ロフトして貝殻の概形を作る。
7. 厚みを加えて完成する。

Step 1 平面上に螺旋を描く

図19のような螺旋を描きましょう。基本は円を描くことですが、このとき半径rがだんだん大きくなったのが螺旋です。だんだん大きくなる仕組みに、ここでは**指数関数**を使います。はじめにr_0だった半径

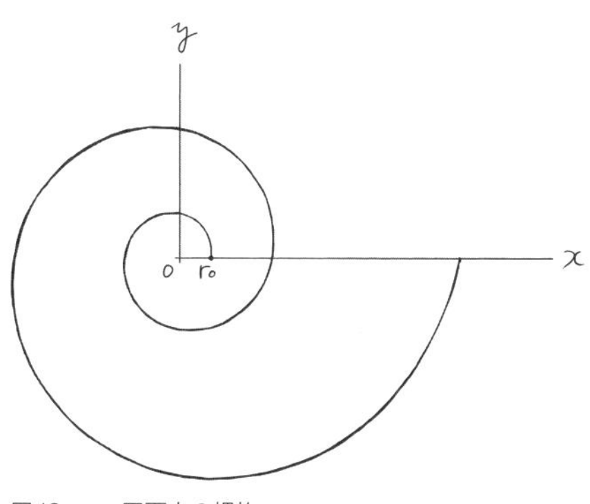

図19　x-y平面上の螺旋

が指数関数的に増大するとすれば、半径rは次の（1）式で計算できます。

$$r = r_0 e^{wt} \qquad (1)$$

ここで、tは回転角（ラジアン）でwは適当な正の係数です。原点からrだけ離れた点が原点のまわりを回転すると螺旋となるわけです。その点のx座標とy座標は次の式（2）（3）で計算できます。

$$x = r \cos t \qquad (2)$$
$$y = r \sin t \qquad (3)$$

ここまでをプログラムしてみましょう。実行すると図19のような螺旋が生成されるでしょう。

```
1        import rhinoscriptsyntax as rs
2        import math as ma
3
4        r0 = 5
5        w = 0.2
6
7        points = []
8        for t in rs.frange(0, ma.pi*4, ma.pi/6):
9            r = r0 * ma.exp(w * t)
10           x = r * ma.cos(t)
11           y = r * ma.sin(t)
12           points.append([x, y, 0])
13       rs.AddInterpCurve(points)
```

1	**rhinoscriptsyntax**モジュールをインポートし、**rs**という略称を付ける。
2	数学のモジュール**math**をインポートし、**ma**という略称を付ける。
4	半径の初期値を**r0**とし、5を代入する。
5	指数関数の係数を**w**とし、**0.2**を代入する。
7	曲線上の点群をまとめて扱うために空のリスト**points**を用意する。
8	角度を**t**として、これを0ラジアンから4πまでπ/6の間隔で繰り返す。
9	半径**r**を計算する。**exp()**は**math**モジュールにある指数関数。
10	螺旋上の点の**x**座標値を計算する。
11	螺旋上の点の**y**座標値を計算する。
12	点群のリスト**points**に計算された点を1つ追加する。
13	すべての点を計算したら、それらをつないで螺旋を描く。

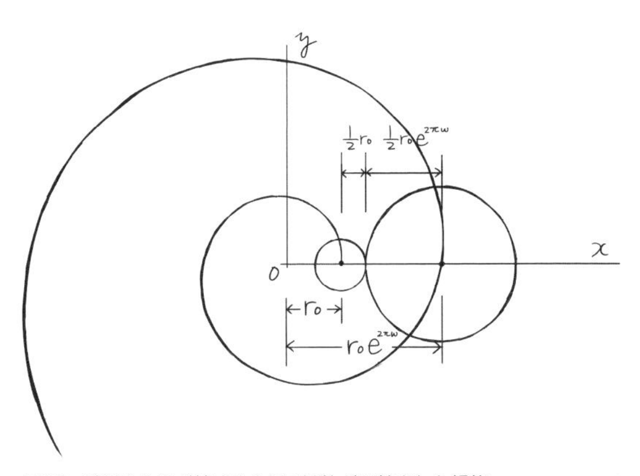

図20　隣り合う円が接するように係数が調節された螺旋

Step 2　螺旋のパラメータを決定する

指数関数の係数wを変えると螺旋も変化します。wが小さいときは線の間隔が狭く、大きいときは間隔が広くなります。図20のように螺旋の始点すなわち$t=0$で半径$\frac{1}{2}r_0$の円が、1周した点すなわち$t=2\pi$で半径$\frac{1}{2}r_0e^{2\pi w}$の円とちょうど接するようにするには、wの値を調節する必要があります。ちょうど接するときには、図20から次の式（4）が成り立つことがわかります。

$$r_0+\frac{1}{2}r_0+\frac{1}{2}r_0e^{2\pi w}=r_0e^{2\pi w} \qquad (4)$$

これを以下のように解くと、式（5）のように係数wを決めることができます。したがって、wは約0.17485となります。この式を前述のプログラムに追加しましょう。

$$r_0\left(1+\frac{1}{2}+\frac{1}{2}e^{2\pi w}\right)=r_0 e^{2\pi w}$$

$$1+\frac{1}{2}+\frac{1}{2}e^{2\pi w}=e^{2\pi w}$$

$$1+\frac{1}{2}=\left(1-\frac{1}{2}\right)e^{2\pi w}$$

$$e^{2\pi w}=3$$

$$\log_e e^{2\pi w}=\log_e 3$$

$$\therefore w=\frac{\log_e 3}{2\pi} \qquad (5)$$

```
1    import rhinoscriptsyntax as rs
2    import math as ma
3
4    r0 = 5
5    w = ma.log(3.0) / (2.0 * ma.pi)
6
7    points = []
8    for t in rs.frange(0, ma.pi*4, ma.pi/6):
9        r = r0 * ma.exp(w * t)
10       x = r * ma.cos(t)
11       y = r * ma.sin(t)
12       points.append([x, y, 0])
13   rs.AddInterpCurve(points)
14
15   rs.AddCircle([r0, 0, 0], 0.5*r0)
16   rs.AddCircle([r0*ma.exp(2.0*ma.pi*w), 0, 0], 0.5*r0*ma.exp
                                                  (2.0*ma.pi*w))
```

5	螺旋の係数`w`を式（5）で計算する。
15	螺旋の始点に半径`0.5*r0`の円を描く。
16	1周した点に半径`0.5*r0*ma.exp(2.0*ma.pi*w)`の円を描いて確かめる。

Step 3　Loftを使って貝殻の曲面を作る

ここまでのプログラムにさらに数行追加と修正をすることで、図22（P.119）のオウム貝のような貝殻を作ることができます。螺旋曲線上の点で曲線に垂直な円を作ってロフトする方法でプログラムを書きましょう。曲線に垂直な円を作るためには、まず曲線に直交する面を定義しておく必要があります。この面を**局所x-y平面**と呼びます。プログラムは次のようになります。なお、螺旋の始まりの半径を細かくするために、$r_0 = 0.1$と改めました。

```
1   import rhinoscriptsyntax as rs
2   import math as ma
3
4   r0 = 0.1
5   w = ma.log(3.0) / (2.0*ma.pi)
6
7   shapes = []
8   for t in rs.frange(0, ma.pi*12, ma.pi/6):
9       r = r0 * ma.exp(w*t)
10      x = r * ma.cos(t)
11      y = r * ma.sin(t)
12      normal = [-ma.sin(t) + w*ma.cos(t), ma.cos(t) +
                                              w*ma.sin(t), 0]
13      xaxis = [ma.cos(t) + w*ma.sin(t), ma.sin(t) -
                                              w*ma.cos(t), 0]
14      plane = rs.PlaneFromNormal([x, y, 0], normal, xaxis)
15      shapes.append(rs.AddCircle(plane, 0.5*r))
16
17  rs.AddLoftSrf(shapes)
18  rs.DeleteObjects(shapes)
```

7 Loftに使う断面形状をまとめて扱うために、空のリスト`shapes`を用意する。
8 6周する螺旋を作るために、$6 \times 2\pi$まで$\pi/6$間隔に繰り返す。
9 だんだん大きくなる半径を計算する。
10 螺旋上の点の`x`座標値を計算する。
11 螺旋上の点の`y`座標値を計算する。
12 局所*x-y*平面の法線ベクトル(曲線の接線)を計算する。
13 局所座標の`x`軸の方向を計算する。
14 法線ベクトルと局所`x`軸の方向を使って曲線に直交する面を作る。
15 その面に半径`0.5*r`の円を描き、リスト`shapes`に追加する。
17 すべての円がそろったら、それらをロフトして貝殻の外形を作る。
18 不要になった`shapes`を削除する。

12行目の`normal`は、図21のように螺旋に直交する局所x-y平面の**法線ベクトル**です。局所x-y平面の法線ベクトルについては、次のように考えるといいでしょう。まず螺旋上の点でその接線方向を計算します。これには曲線の式を変数tで微分します。曲線の式は、次に示す式（6）（7）ですから、これらを微分すれば式（8）（9）となります。これを$r_0 e^{wt}$で割ると、ベクトルの成分は（10）のようになりますが、これは局所x-y平面の法線ベクトルです。平面を正しく定義するには、局所x-y平面のx軸の方向も指定する必要があります。x軸の方向は法線ベクトルに直交するはずですから、ここでは単純に法線ベクトルのx方向成分とy方向成分を入れ替えて、片方の符号を変えることで、式（11）のようにx軸方向のベクトルを作ります。z方向成分は0です。こうすれば、ベクトルの内積（スカラー積）が0となりますから、法線方向とx軸方向が直交することになるわけです。

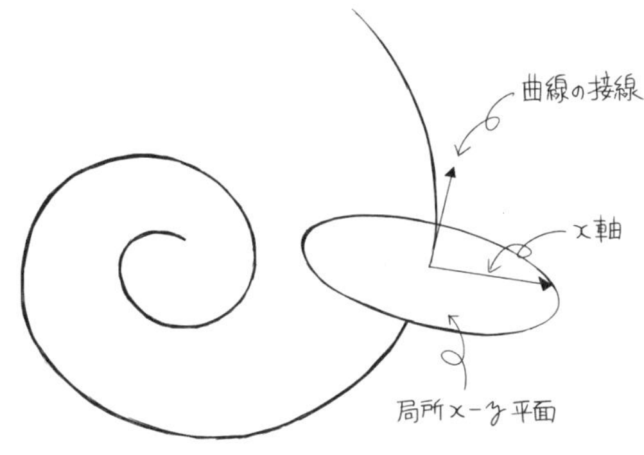

図21　螺旋曲線上の点の接線と、それに直交するx軸を使って定義された局所x-y平面

$$x = r_0 e^{wt} \cos t \qquad (6)$$
$$y = r_0 e^{wt} \sin t \qquad (7)$$

$$\frac{dx}{dt} = -r_0 e^{wt} \sin t + r_0 e^{wt} w \cos t \qquad (8)$$

$$\frac{dy}{dt} = r_0 e^{wt} \cos t + r_0 e^{wt} w \sin t \qquad (9)$$

$$\{-\sin t + w \cos t,\ \cos t + w \sin t,\ 0\} \qquad (10)$$
$$\{\cos t + w \sin t,\ \sin t - w \cos t,\ 0\} \qquad (11)$$

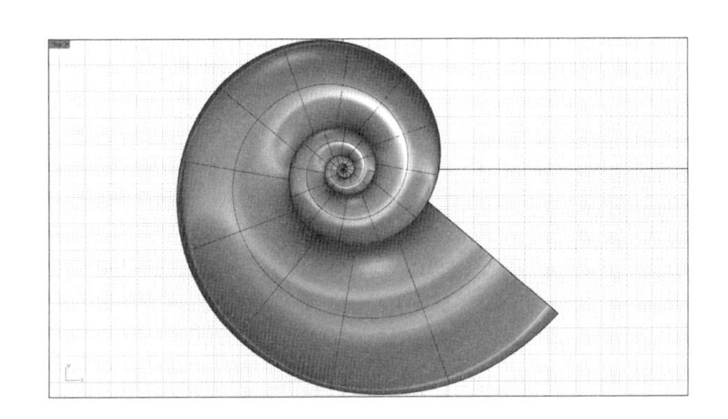

図22　オウム貝やアンモナイトに似た平面的な螺旋状の貝モデル

Step 4 円錐の表面に巻き付いた螺旋を考える

多くの巻貝は、図18のように尖った形をしていて、図17のオウム貝やアンモナイトのように平たいものは、特殊な形と考えられます。今度は、そのことを考慮して尖った巻貝を作ってみましょう。平面の螺旋ではなく、図23のように円錐上に螺旋を描きながら管が巻き付いた形状とみなしてプログラムを進めることにします。図24はその断面です。図24の一番小さい円は、円錐上に螺旋を描きながら1周して次の円の位置になったときちょうど接すると考えれば、平面上の螺旋を少し修正すればいいことがわかります。

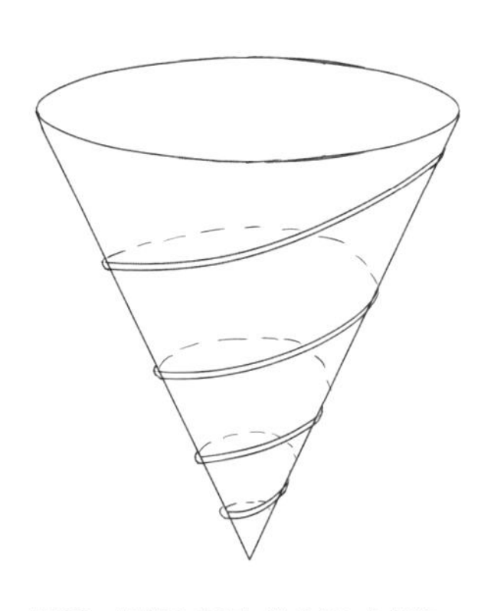

図23 円錐の表面に巻き付いた螺旋

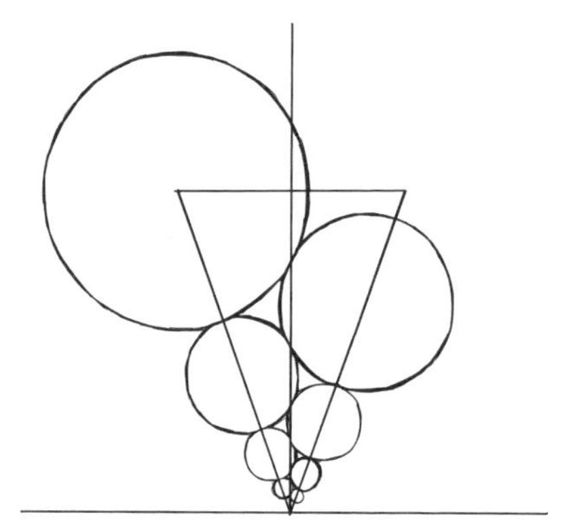

図24 円錐上に巻き付いた螺旋の管(断面)

図25に示す半開角がϕの円錐上にある点の座標は、原点からの距離をrとしx軸からの回転角をtとすると次の式 (12) (13) (14) で計算できます。

$$x = r \sin\phi \cos t \qquad (12)$$

$$y = r \sin\phi \sin t \qquad (13)$$

$$z = r \cos\phi \qquad (14)$$

ここでrが指数関数的に大きくなる式 (1) であることを考慮すると、式 (15) (16) (17) が成り立ちます。

$$x = r_0 e^{wt} \sin\phi \cos t \qquad (15)$$

$$y = r_0 e^{wt} \sin\phi \sin t \qquad (16)$$

$$z = r_0 e^{wt} \cos\phi \qquad (17)$$

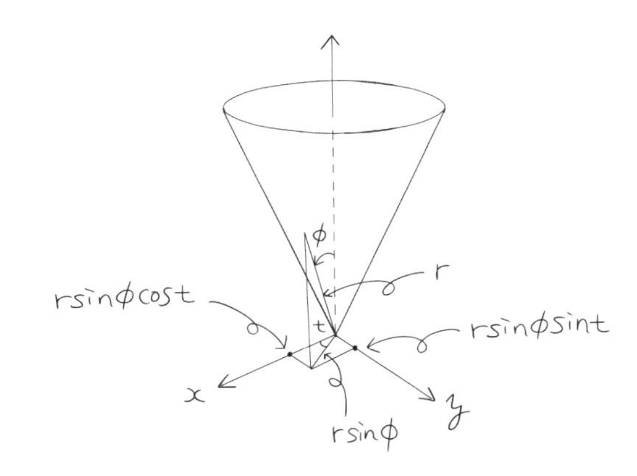

図25　原点と円錐上のある点を結んだ線分の写影が$r\sin\phi$。そのx方向成分は$r\sin\phi\cos t$で、y方向成分は$r\sin\phi\sin t$

Step 5　Loftのための断面を生成する

この螺旋に沿って直交する円形の断面を配置して、ロフトすることで貝殻の外形を作ります。そのためには再び螺旋に直交する断面の法線ベクトルを計算する必要がありますが、これは図21で示したように螺旋の接線ベクトルと一致します。螺旋曲線の接線ベクトルを計算するために微分を計算すると式（18）（19）（20）のようになり、したがってその成分は式（21）となります。

$$\frac{dx}{dt} = -r_0 e^{wt} \sin\phi \sin t + r_0 e^{wt} w \sin\phi \cos t \tag{18}$$

$$\frac{dy}{dt} = r_0 e^{wt} \sin\phi \cos t + r_0 e^{wt} w \sin\phi \sin t \tag{19}$$

$$\frac{dz}{dt} = r_0 e^{wt} w \cos\phi \tag{20}$$

$$\{-\sin\phi \sin t + w \sin\phi \cos t,\ \sin\phi \cos t + w \sin\phi \sin t,\ w \cos\phi\} \tag{21}$$

式（21）は局所x-y平面の法線ベクトルです。x軸方向は法線ベクトルに直交するはずですから、前述と同様に法線ベクトルのx方向成分とy方向成分を入れ替えて、片方の成分の符号を変えることで式（22）のようにx軸方向のベクトルを計算することができます。

$$\{\sin\phi \cos t + w \sin\phi \sin t,\ \sin\phi \sin t - w \sin\phi \cos t,\ 0\} \tag{22}$$

式（15）～（22）を使ってプログラムを以下のように修正しましょう。これで完成です。

```
1        import rhinoscriptsyntax as rs
2        import math as ma
3
```

```
4      phi = ma.pi/8.0
5      r0 = 0.1
6      w = ma.log(3.0) / (2.0*ma.pi)
7
8      shapes = []
9      for t in rs.frange(0, ma.pi*12, ma.pi/6):
10         r = r0 * ma.exp(w*t)
11         x = r * ma.sin(phi)*ma.cos(t)
12         y = r * ma.sin(phi)*ma.sin(t)
13         z = r * ma.cos(phi)
14         n0 = ma.sin(phi)*(w*ma.cos(t) - ma.sin(t))
15         n1 = ma.sin(phi)*(w*ma.sin(t) + ma.cos(t))
16         n2 = ma.cos(phi)*w
17         normal = [n0, n1, n2]
18         xaxis = [n1, -n0, 0]
19         plane = rs.PlaneFromNormal([x, y, z], normal, xaxis)
20         shapes.append(rs.AddCircle(plane, 0.5*r))
21     surf = rs.AddLoftSrf(shapes)
22     rs.DeleteObjects(shapes)
23     shell = rs.OffsetSurface(surf, -0.1, None, None, True)
24     rs.DeleteObject(surf)
```

4	円錐の半開角を設定する。
5	原点から始点までの距離を設定する。
6	指数関数の係数を設定する。
8	空のリスト**shapes**を用意する。
9	6回転するとして、角度を0から12πまで$\pi/6$間隔で繰り返す。
10	原点からの距離を計算する。
11	**x**座標値を式（15）で計算する。
12	**y**座標値を式（16）で計算する。
13	**z**座標値を式（17）で計算する。
14	法線ベクトルのx方向成分を式（21）で計算する。
15	法線ベクトルのy方向成分を式（21）で計算する。
16	法線ベクトルのz方向成分を式（21）で計算する。
17	法線ベクトル`[n0, n1, n2]`を作る。
18	式（22）にしたがって、局所座標のx方向を示すベクトル`[n1, -n0, 0]`を作る。

19	局所座標系を定義する。
20	その面に半径0.5*rの円を描いて、リストshapesに追加する。
21	すべての円がそろったら、それらをロフトして貝殻の外形surfを作る。
22	不要になったshapesを削除する。
23	貝殻の外形surfをオフセットして厚み0.1を加える。[1)
24	不要になったsurfを削除して完成（図26）。

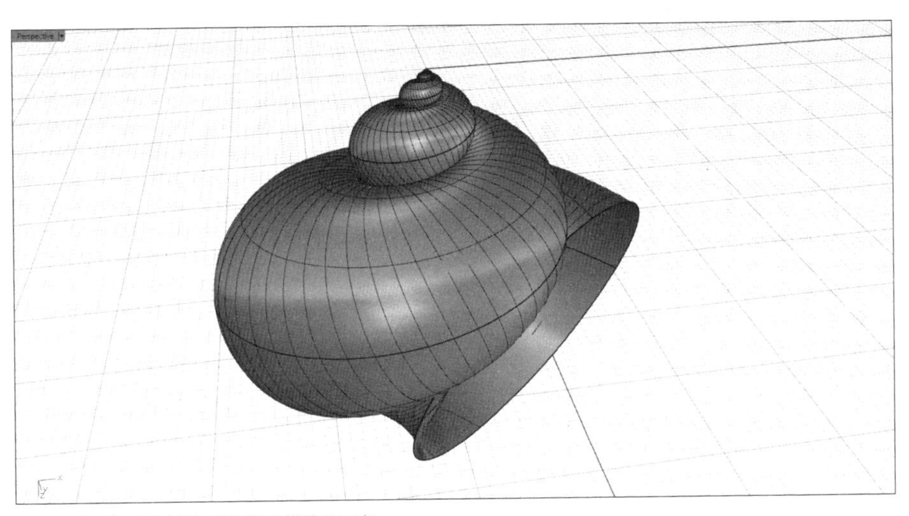

図26　プログラムを実行して完成した巻貝のモデル

註

1) OffsetSurface()は、曲面を法線方向にオフセットする関数です。このとき、最後のパラメータをTrueとすることによって、もとの曲面とオフセットでできた曲面の間の隙間に蓋を付けてソリッドを作ることができます。

3 再帰アルゴリズム

図27のような樹木を立体的に描きましょう。複雑に見えますが、よく観察すると枝は先端で2つに分かれ、分かれた枝がまた2つに分かれるというふうに単純な繰り返しでできていることがわかります。さらに、枝はだんだん細くなっています。これは、**フラクタル**と呼ばれる図形の一例と見ることができます。フラクタルの特徴は、図形の中の小さな部分に図形全体と同じ形のパターンを見ることができるという点にあります。樹木の場合には、枝を切り取ってみると、この枝がまた樹木と相似な形となっているというわけです。この様子をプログラミングで再現するには**再帰アルゴリズム**を使うのが便利です。

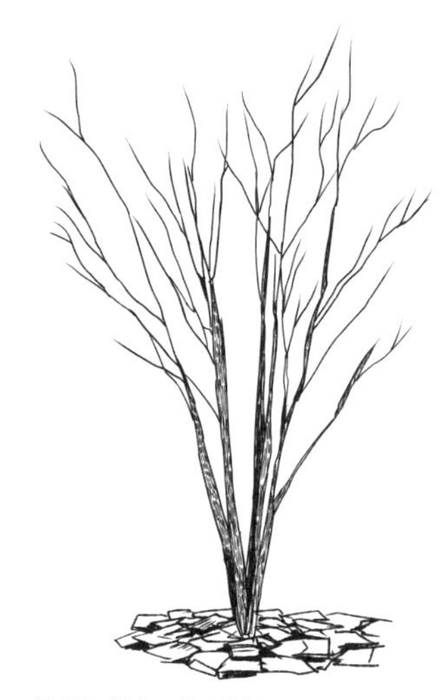

図27　樹木の枝は先端で2つに分かれ、分かれた枝がまた2つに分かれる単純な繰り返しと見ることができる

再帰アルゴリズムを試す

樹木のプログラミングに進む前に、再帰アルゴリズムを使った描画にふれておきましょう。図28 (P.126)は再帰アルゴリズムを使って描いた図形です。まず、*x-y*平面の原点に半径100の円を描くことから始めましょう。

```
1    import rhinoscriptsyntax as rs
2    rs.AddCircle((0, 0, 0), 100)
```

`AddCircle`関数の1つ目のパラメータは、円の中心座標(*x*, *y*, *z*)です。2つ目のパラメータは円の半径*r*です。この`AddCircle`を使って*x*座標と*y*座標、それから半径*r*の3つをパラメータとする関数を新しく作りましょう。関数の名前は`drawCircle()`とします。プログラムは次のようになります。

```
1    import rhinoscriptsyntax as rs
2
3    def drawCircle(x, y, r):
4        rs.AddCircle((x, y, 0), r)
5
6    drawCircle(0, 0, 100)
```

1	rhinoscriptsyntaxモジュールをインポートし、rsという略称を付ける。
3, 4	円を描く関数drawCircle()を定義する。
6	drawCircleを呼び出して座標(0, 0)に半径100の円を描く。

さて、いよいよ再帰アルゴリズムです。関数の内部でその関数自体を呼び出す方法です。中心をもとの円の中心より右に*r*/2だけ移動した半径*r*/2の円と、左に*r*/2だけ移動した半径*r*/2の円を描くようにプログラムします。*y*座標はそのままです。この方法を具体的に説明しているのが、この例です。7、8行目がその部分です。drawCircle()の中で、drawCircle()を呼んでいます。鏡の中に映ったものがさらに鏡に映されるように次々に描画が繰り返されて図28のような図形になるわけです。想像できますか?

しかし、ここで注意しなければならないことがあります。それは、描画が無限に繰り返されてしまうということです。再帰にはこれを防ぐ仕掛けをしておかなければなりません。それがlevelという変数です。例えば、はじめに7という値を設定しておいて、再帰を1回実行するたびに1つずつ減るようにします。0となったら最後で、負の値になったら終了します。例えて言うなら、はじめに7階のフロアに立って、仕事をするたびに1階ずつ下りて行き、地下1階までたどり着いたら終了という感じでしょうか。プログラムは次のようになります。

```
1   import rhinoscriptsyntax as rs
2
3   def drawCircle(x, y, r, level):
4       if level < 0: return
5       rs.AddCircle((x, y, 0), r)
6
7       drawCircle(x+r/2, y, r/2, level-1)
8       drawCircle(x-r/2, y, r/2, level-1)
9
10  drawCircle(0, 0, 100, 7)
```

1	rhinoscriptsyntaxモジュールをインポートし、rsという略称を付ける。
3	無限の繰り返しを防ぐためにlevelというパラメータを追加する。
4	もし、levelが負の値となったら計算を中止して戻る。
5	座標(x, y, 0)に半径rの円を描く。
7	もとの円の内部の右に円を描くため、座標(x+r/2, y)、半径r/2を指定して関数を呼び出す。その際level-1として、levelを減少する。
8	左の円を描くため、座標(x-r/2, y)、半径r/2を指定して関数を呼び出す。その際level-1として、levelを減少する。

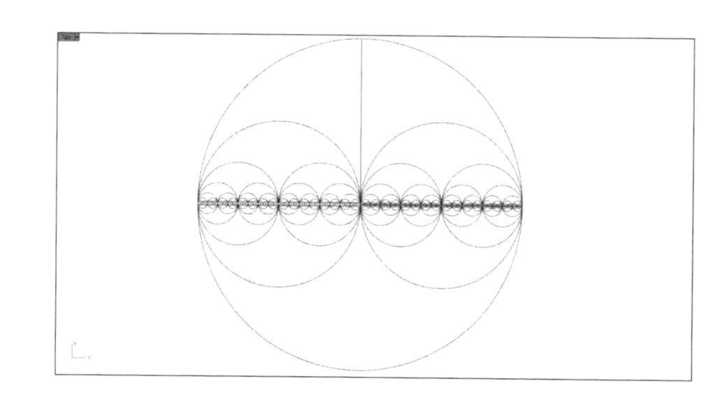

図28　10行目のdrawCircle(0, 0, 100, 7)を実行して、再帰で描いた、円の中にまた円が、その円の中にまた円がというフラクタルパターン

プログラミングのアウトライン

それでは樹木を描いていきましょう。プログラムのアウトラインを1～5に示します。おおまかなあらすじを把握してから始めましょう。はじめは、枝分かれする様子を線で描きます。これは、以下の1～4の部分です。最後に、5のようにして線で描いた枝を立体にします。

1. 図29のように幹を描く。
2. 図32のように幹から最初に枝が分かれるところを考える。
3. 一般に枝の先からまた枝が分かれるところを考える。
4. 再帰アルゴリズムを使って枝分かれを繰り返す。
5. 描かれた線を中心線としてパイプを作り、樹を立体にする。

Step 1　幹を描く

まず、原点から生える幹を描きます。そのためにいくつかのパラメータを設定しておきましょう。根元の座標、最初に枝分かれする点の座標、枝分かれの角度です。これらを設定したら根元から分岐点までのベクトルを作り、幹の長さを計算し、幹を線で描きます。

```
1    import rhinoscriptsyntax as rs
2    import random as rd
3
4    ptRoot = (0, 0, 0)
5    ptBifurcate = (0, 0, 50)
6    phi = 20.0
7
8    vecBranch = rs.VectorCreate(ptBifurcate, ptRoot)
9    length = rs.Distance(ptRoot, ptBifurcate)
10   rs.AddLine(ptRoot, ptBifurcate)
```

4	根元の座標、すなわち原点(0, 0, 0)をptRootと呼ぶ。
5	最初の分岐点を(0, 0, 50)として、ptBifurcate と呼ぶ。
6	枝分かれの角度φを20度として、phiと呼ぶ。
8	ptRoot からptBifurcate へ向かうベクトルを作って、vecBranch と呼ぶ。
9	幹の長さを測って、lengthと呼ぶ。
10	ptRootからptBifurcateへ線を引く。

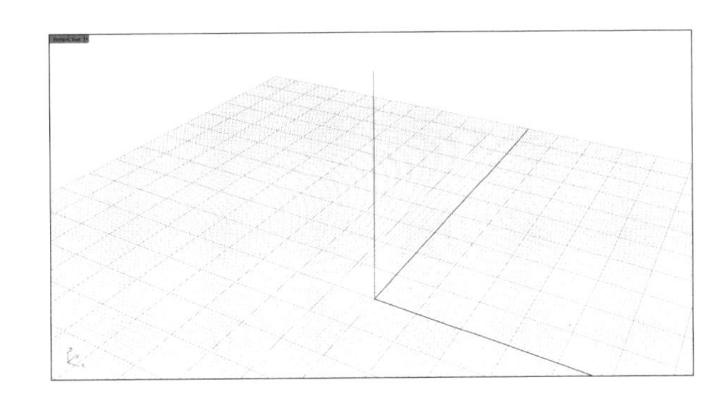

図29　原点から生えた幹。この先端で2つに枝分かれする

Step 2　最初の枝分かれを作る

いよいよ最初の枝分かれです。枝（branch）は分岐点（ptBifurcate）で2つに分かれて小枝（twig）ができると考えます。図30のように分岐点で半開角がφの円錐を想像してください。枝分かれの角度がφですから、枝はこの円錐面上ならどこにでも伸びることができます。すなわち角度θはランダムに決定できるとします。枝の位置を決定するために、とりあえず幹と同じ方向に伸ばし、続いてφだけ傾けて、最後にランダムに決定したθのところに回転するという方針でプログラムを書きましょう。

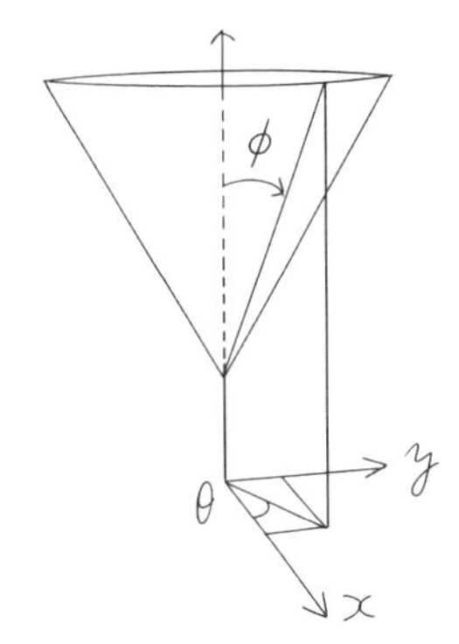

図30　半開角φの円錐上で、ランダムに決定したθの方向に枝分かれする仕組み

```
12        plane = rs.PlaneFromNormal(ptBifurcate, vecBranch)
13        length = length * 0.9
14        theta = rd.random()*360
15        vecTwig = rs.VectorScale(rs.VectorUnitize(vecBranch), length)
16        vecTwig = rs.VectorRotate(vecTwig, phi, plane[1])
17        vecTwig = rs.VectorRotate(vecTwig, theta, vecBranch)
```

```
18          ptGrow = rs.VectorAdd(ptBifurcate, vecTwig)
19          rs.AddLine(ptBifurcate, ptGrow)
```

12	分岐点において幹の方向を法線方向とする面をイメージして、これを`plane`とする。
13	枝の長さを直前の枝の長さ、すなわち幹の長さの`0.9`倍とする。
14	枝の伸びる方向θを0度から360度の間でランダムに決定する。
15	分岐点から次の分岐点へ向かうベクトルを計算するため、とりあえず幹の方向ベクトルを単位長さにした後、`length`倍して`vecTwig`と呼ぶ。
16	ベクトル`vecTwig`を`plane`で示される局所座標系のx軸、すなわち`plane[1]`を回転軸としてφだけ回転する。
17	ベクトル`vecTwig`を幹を回転軸としてθだけ回転する。
18	`17`で決定したベクトル`vecTwig`と`ptBifurcate`の和を計算して次の分岐点を求め`ptGrow`と呼ぶ。
19	`ptBifurcate`から`ptGrow`へ線を引く（図31）。

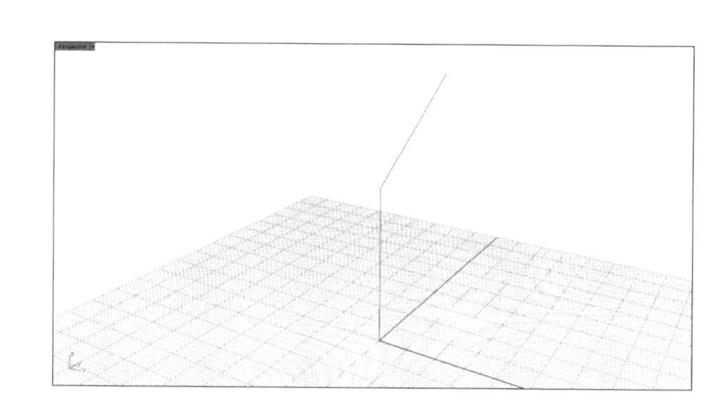

図31　θをランダムに決定し、その方向に枝分かれした片方の枝

Step 3　もう片方に伸びる枝分かれも作る

もう片方に伸びる枝分かれはどうでしょうか。これはランダムに決定するのではなく、ちょうど反対側、すなわち先ほどのθに180度を加えた角度に分岐するとするのが自然でしょう（図32）。このために、2つの角度をリストにしまっておくことにします。先ほどの14行目以降を次のように少し書き換えます。

```
12          plane = rs.PlaneFromNormal(ptBifurcate, vecBranch)
13          length = length * 0.9
14          f = rd.random()*360
15          list = (f, f + 180)
16          for theta in list:
17              vecTwig = rs.VectorScale(rs.VectorUnitize(vecBranch),
```

```
                    length)
18          vecTwig = rs.VectorRotate(vecTwig, phi, plane[1])
19          vecTwig = rs.VectorRotate(vecTwig, theta, vecBranch)
20          ptGrow = rs.VectorAdd(ptBifurcate, vecTwig)
21          rs.AddLine(ptBifurcate, ptGrow)
```

14	角度をランダムに決定して、fと呼ぶ。
15	fとf+180をリストにして、listと呼ぶ。
16	listの要素を1つずつ取り出してthetaと呼び、以下の計算を繰り返す。
17-19	枝分かれのアルゴリズムをまとめて記述する（Step 2の15-19と同じ）。

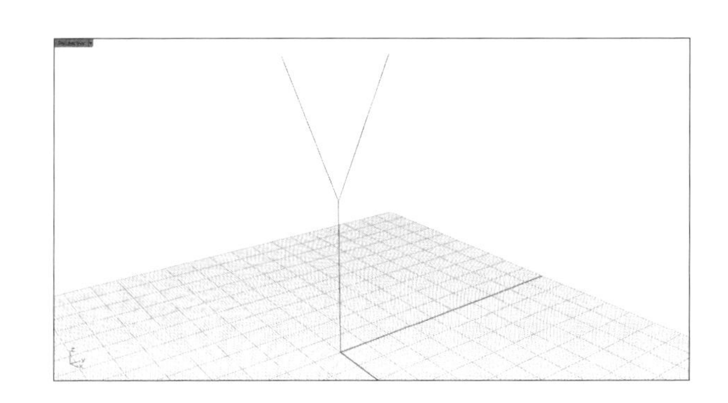

図32　両方向への枝分かれ

Step 4　それより先に伸びる枝分かれを作る

それより先に伸びる枝分かれはどうでしょう。図33のように考えると、最初の枝分かれとまったく同じ仕組みだと気付きます。一般に枝は傾いているはずですが、その先に円錐面を考えます。すると枝は、この円錐面のどこかに伸びることになります。すなわち、最初の枝分かれで幹と考えていたところを一般の枝と考えればいいわけです。次々と枝分かれを繰り返すには、同じ手順を何度も繰り返すことになりますので、ここまでの手順を関数として記述しましょう。

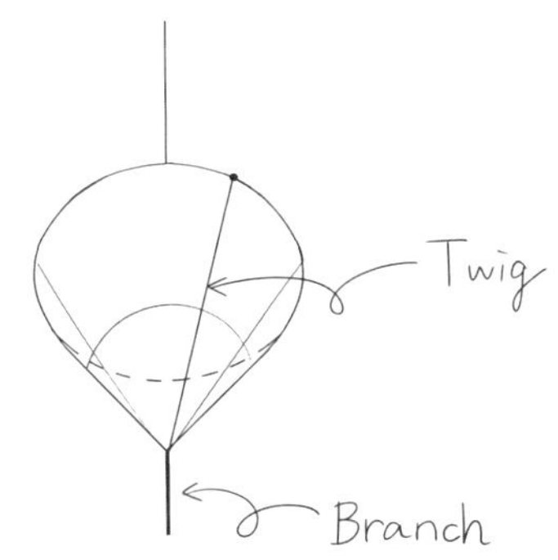

図33　一般の枝の枝分かれの仕組み

```
1           import rhinoscriptsyntax as rs
2           import random as rd
3
```

```
4       def Branch(ptBifurcate, vecBranch, length, phi):
5           plane = rs.PlaneFromNormal(ptBifurcate, vecBranch)
6           length = length * 0.9
7           f = rd.random() * 360
8           list = (f, f + 180)
9           for theta in list:
10              vecTwig = rs.VectorScale(rs.VectorUnitize(vecBranch),
                          length)
11              vecTwig = rs.VectorRotate(vecTwig, phi, plane[1])
12              vecTwig = rs.VectorRotate(vecTwig, theta, vecBranch)
13              ptGrow = rs.VectorAdd(ptBifurcate, vecTwig)
14              rs.AddLine(ptBifurcate, ptGrow)
15
16      ptRoot = (0, 0, 0)
17      ptBifurcate = (0, 0, 50)
18      phi = 20.0
19
20      vecBranch = rs.VectorCreate(ptBifurcate, ptRoot)
21      length = rs.Distance(ptRoot, ptBifurcate)
22      rs.AddLine(ptRoot, ptBifurcate)
23
24      Branch(ptBifurcate, vecBranch, length, phi)
```

4	ptBifurcate、vecBranch、length、phiをパラメータとしてBranch()関数を定義する。
5-14	枝分かれのアルゴリズムをまとめて記述する（Step 3の12-21と同じ）。
16-18	根元の座標、最初の分岐点、枝分かれの角度を設定する（Step 1の4-6と同じ）。
20-22	幹を描く（Step 1の8-10と同じ）。
24	Branch()関数を呼び出す。

Step 5 再帰で繰り返す

ここで再帰アルゴリズムを使います。図34（P.132）のように、枝が次々に分岐する様子を記述するには、再帰アルゴリズムはもってこいの方法です。枝分かれの関数の中で、その関数自体を呼び出します。ただし、果てしなく繰り返されると都合が悪いので、何回か繰り返されたら終了する仕掛けをしておくことが重要です。ここでも、前に説明した変数levelを使います。プログラムP.131の5行目に注意しましょう。プログラムを実行すると図34のように線で描かれた樹木ができるはずです。

```
1    import rhinoscriptsyntax as rs
2    import random as rd
3
4    def Branch(ptBifurcate, vecBranch, length, phi, level):
5        if level < 0: return
6        plane = rs.PlaneFromNormal(ptBifurcate, vecBranch)
7        length = length * 0.9
8        f = rd.random() * 360
9        list = (f, f + 180)
10       for theta in list:
11           vecTwig = rs.VectorScale(rs.VectorUnitize(vecBranch),
                         length)
12           vecTwig = rs.VectorRotate(vecTwig, phi, plane[1])
13           vecTwig = rs.VectorRotate(vecTwig, theta, vecBranch)
14           ptGrow = rs.VectorAdd(ptBifurcate, vecTwig)
15           rs.AddLine(ptBifurcate, ptGrow)
16
17           Branch(ptGrow, vecTwig, length, phi, level-1)
18
19   ptRoot = (0, 0, 0)
20   ptBifurcate = (0, 0, 50)
21   phi = 20.0
22   level = 10
23
24   vecBranch = rs.VectorCreate(ptBifurcate, ptRoot)
25   length = rs.Distance(ptRoot, ptBifurcate)
26   rs.AddLine(ptRoot, ptBifurcate)
27
28   Branch(ptBifurcate, vecBranch, length, phi, level)
```

4	`ptBifurcate`、`vecBranch`、`length`、`phi`のほかに、`level`というパラメータを追加する。
5	もし、`level`が負の値となったら計算を中止して戻る。
17	再帰アルゴリズムを行う。ただし、`level`を減少するために`level-1`とする。
28	`Branch()`関数を呼び出す。

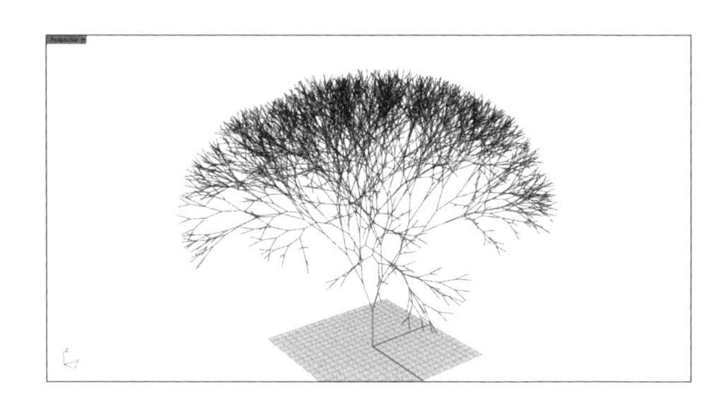

図34 線で描かれた樹木

Step 6 線で描いた樹木を立体にする

仕上げは、線で描いた樹木（図34）を立体にする操作です。これには**パイプ**を使いましょう。Rhinoのパイプを描く関数は、`AddPipe(curve_id, parameters, radii, blend_type=0, cap=0, fit=False)`です。2つ目のパラメータ`parameters`はパイプの半径が変化する場合にはリストを指定します。樹木のプログラムでは、パイプの始点から終点に向かってだんだん細くなるようにしたいので、`[0, 1]`とします。0は始点、1は終点を意味します。これに対応して、3つ目のパラメータ`radii`もリストとなります。始点で太く、終点で細くなるように半径を指定します。ここでは`[level*radius, (level-1)*radius]`とすることにしました。`cap`はパイプの先端に蓋をするかどうかですが、2を選んで球形の蓋をします。これによって枝と枝のつなぎ目が滑らかにつながります（図35）。最後のパラメータは省略としました。最終的なプログラムは、以下のようになります。

```
1    import rhinoscriptsyntax as rs
2    import random as rd
3
4    def Branch(ptBifurcate, vecBranch, length, radius, phi, level):
5        if level < 0: return
6        plane = rs.PlaneFromNormal(ptBifurcate, vecBranch)
7        length = length * 0.9
8        f = rd.random() * 360
9        list = (f, f + 180)
10       for theta in list:
11           vecTwig = rs.VectorScale(rs.VectorUnitize(vecBranch),
                         length)
12           vecTwig = rs.VectorRotate(vecTwig, phi, plane[1])
13           vecTwig = rs.VectorRotate(vecTwig, theta, vecBranch)
14           ptGrow = rs.VectorAdd(ptBifurcate, vecTwig)
```

```
15              line = rs.AddLine(ptBifurcate, ptGrow)
16              rs.AddPipe(line, [0, 1],
                        [level*radius, (level-1)*radius], 0, 2)
17
18              Branch(ptGrow, vecTwig, length, radius, phi, level-1)
19
20      ptRoot = (0, 0, 0)
21      ptBifurcate = (0, 0, 50)
22      phi = 20.0
23      radius = 0.5
24      level = 8
25
26      vecBranch = rs.VectorCreate(ptBifurcate, ptRoot)
27      length = rs.Distance(ptRoot, ptBifurcate)
28      line = rs.AddLine(ptRoot, ptBifurcate)
29      rs.AddPipe(line, 0, radius*level, 0, 1)
30
31      Branch(ptBifurcate, vecBranch, length, radius, phi, level)
```

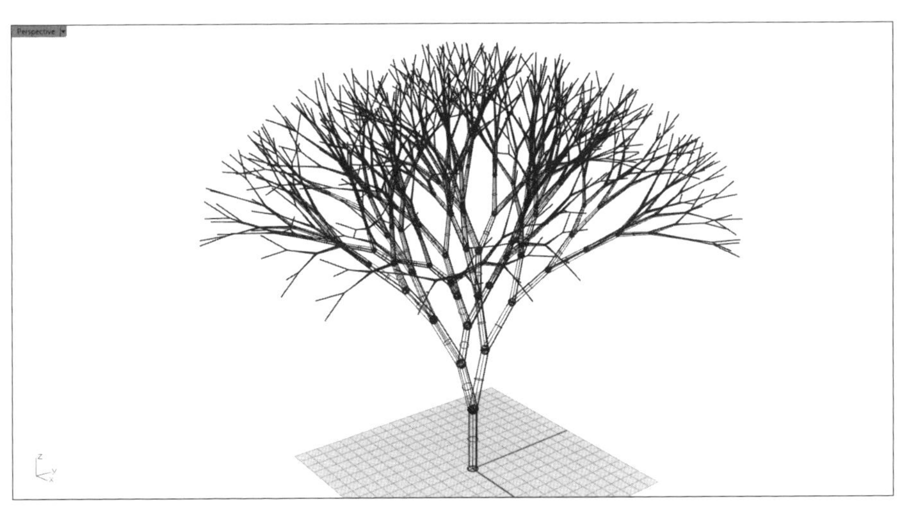

図35　Step 6で作ったプログラムを実行して、パイプで描いた樹木。24行目の`level`をあまり大きくしすぎると、コンピュータの負荷が過大となって動かなくなる

4 ワッフリング

ワッフルという食べ物をご存知のことと思います。図36のような焼き菓子です。図37は、これにちなんで**ワッフリング**と名付けられた造形の手法でリンゴを形作ったものです。ここでは、3Dスキャナによって読み取った3次元の形状をもとに、このワッフリングという手法によってモデリングするプログラムを作りましょう。モデリングができれば、3Dプリンタで造形することも、厚紙やアクリルの板を切り抜いて部品を作って組み立てることも可能となるでしょう。

図36 ワッフル

図37 ワッフリングで作ったリンゴ

3Dスキャナなどによって読み取った3次元のデータは、通常**STL**という形式のデータになっています。このデータをRhinoで開くと**ポリゴン**[1)]で形状を表現した**メッシュデータ**として表示されます。プログラミングに入る前に、STLデータをRhinoにインポートする方法とポリゴンの数を減少する方法について少しふれておきましょう。

まず、インポートするには、File（ファイル）メニューのimport（インポート）を選択します。3Dスキャナで読み取ったデータは、大量のポリゴンデータとなっていることが多いので、Reduce mesh polygon count（メッシュポリゴン数を減少）でポリゴンの数を減少しておくといいでしょう。このコマンドは、Rhinoのツールバー「Mesh Tools（メッシュツール）」というタブをクリックして現れるアイコンで選択できます。対象のメッシュをクリックして[Enter]キーを押すとダイアログボックスが出てきますから、ここでポリゴン数を指定するだけです。なお、これから作るプログラムは、インポートした対象物のポリゴンメッシュが、図38のように原点付近のz座標が正の領域に配置されていることを前提としています。

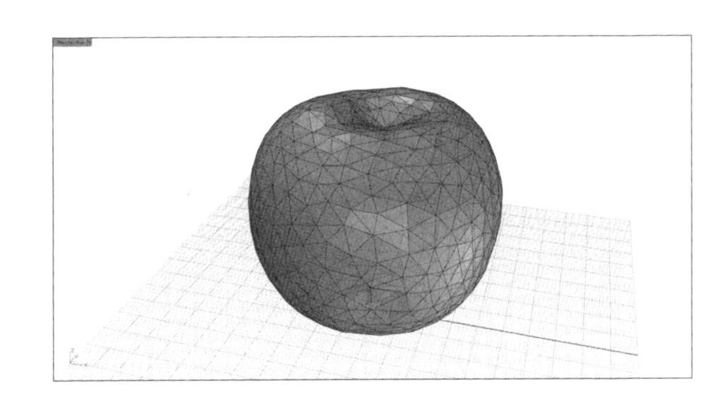

図38　インポートされたリンゴのポリゴンメッシュ

註
1）3次元コンピュータグラフィックスにおいて、一般に曲面は多角形の集合として、すなわち多面体として表現されます。この多角形のことをポリゴンといいます。

プログラミングのアウトライン

プログラミングのアウトラインを1〜7に示します。おおまかなあらすじを把握してから始めましょう。さて、ワッフリングは交差する平面で構成されていればいいわけですから、その交差にはさまざまな仕方が考えられます。平行に並んだ平面で作るもの、放射状に並んだ平面で作るもの、対象の形に適応して平面の向きが変化するものなどがよく使われています。ここでは、放射状の矩形板と水平に並んだ円板で縦材と横材を作ることにしましょう。

1. メッシュモデルを**ポリサーフェス**[1]へ変換する。
2. 図39のように放射状に広がる矩形板を作る。
3. ポリサーフェスでできた対象物（ここではリンゴ）と矩形板の交差線を求める。
4. その交差線を輪郭とする平面（縦材：warpと呼ぶ）を作る。
5. 図40（P.136）のように水平の円板を作る。
6. 対象物と円板との交差線を求める。
7. その交差線を輪郭とする平面（横材：weftと呼ぶ）を作る。

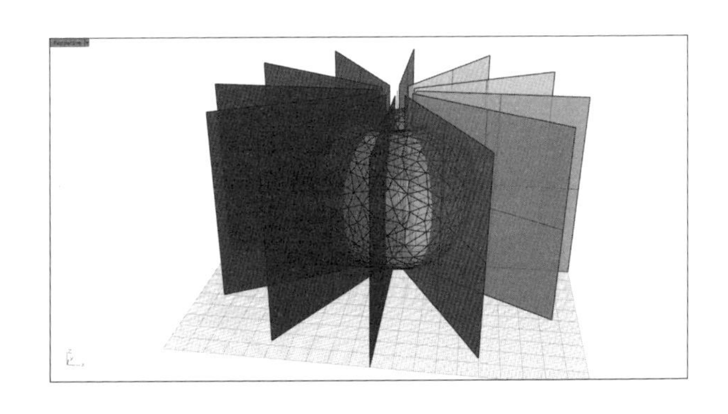

図39　放射状に並んだ矩形板と中央の対象物（リンゴ）

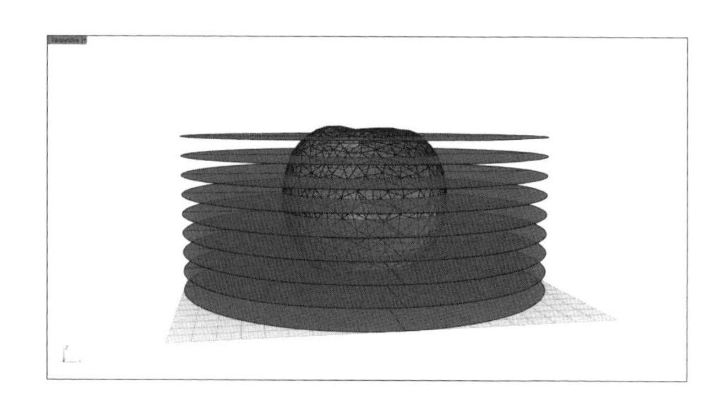

図40　水平に並べた円板と中央の対象物(リンゴ)

モデリングのためのプログラムの全体は、次のようになります。

```
1     import rhinoscriptsyntax as rs
2     import math as ma
3
4     mesh = rs.GetObject("Select meshes", 32)
5     object = rs.MeshToNurb(mesh)
6     rs.DeleteObject(mesh)
7
8     n = 12 # Number of vertical plates
9     h = 100 # Height of vertical plate
10    r = 10 # Radius of inner circle
11    R = 100 # Radius of outer circle
12    dz = 10 # Interval between horizontal disks
13
14    # warp(vertical plates)
15    warp = []
16    path = rs.AddLine((0, 0, 0), (0, 0, h))
17    for i in range(0, n):
18        theta = i * 2*ma.pi / n
19        side = rs.AddLine((r*ma.cos(theta), r*ma.sin(theta), 0),
                            (R*ma.cos(theta), R*ma.sin(theta), 0))
20        plate = rs.ExtrudeCurve(side, path)
21        curves = rs.IntersectBreps(object, plate)
22        if curves:
23            edges = []
```

```
24                for crv in curves:
25                    if rs.IsCurveClosed(crv):
26                        edges.append(crv)
27                    else:
28                        start = rs.CurveStartPoint(crv)
29                        end = rs.CurveEndPoint(crv)
30                        line = rs.AddLine(end, start)
31                        edges.append(rs.JoinCurves([crv, line]))
32                        rs.DeleteObject(line)
33                surf = rs.AddPlanarSrf(edges)
34                warp.append(surf)
35                rs.DeleteObjects(edges)
36                rs.DeleteObjects(curves)
37            rs.DeleteObject(plate)
38            rs.DeleteObject(side)
39        rs.DeleteObject(path)
40
41        # weft(horizontal plates)
42        weft = []
43        start = 0
44        end = h
45        for z in rs.frange(start, end, dz):
46            circle = rs.AddCircle((0,0,z), R)
47            plate = rs.AddPlanarSrf(circle)
48            curves = rs.IntersectBreps(object, plate)
49            if curves:
50                edges = []
51                for crv in curves:
52                    if rs.IsCurveClosed(crv):
53                        edges.append(crv)
54                    else:
55                        start = rs.CurveStartPoint(crv)
56                        end = rs.CurveEndPoint(crv)
57                        line = rs.AddLine(end, start)
58                        edges.append(rs.JoinCurves([crv, line]))
59                        rs.DeleteObject(line)
```

```
60                surf = rs.AddPlanarSrf(edges)
61                weft.append(surf)
62                rs.DeleteObjects(edges)
63                rs.DeleteObjects(curves)
64            rs.DeleteObject(plate)
65            rs.DeleteObject(circle)
66        rs.DeleteObject(object)
```

註

1) 2つまたはそれ以上のサーフェスを結合したものをポリサーフェスといいます。

Step 1 ポリサーフェスに変換する

プログラムを少しずつ見ていきましょう。面と面との交線を求めるには、双方の面がともにサーフェス、またはともにポリゴンメッシュである必要があります。ここでは、ともにサーフェスとしましょう。インポートしたモデルはポリゴンメッシュですから、以下のようにポリサーフェスに変換することから始めます。

```
1    import rhinoscriptsyntax as rs
2    import math as ma
3
4    mesh = rs.GetObject("Select meshes", 32)
5    object = rs.MeshToNurb(mesh)
6    rs.DeleteObject(mesh)
```

1	`rhinoscriptsyntax`モジュールをインポートし、`rs`という略称を付ける。
2	数学のモジュール`math`をインポートし、`ma`という略称を付ける。
4	インポートしておいた対象物を選択し、`mesh`と呼ぶ。32はメッシュ用のフィルター。
5	`mesh`をポリサーフェスに変換して、`object`と呼ぶ。
6	不要になった`mesh`を削除する。

Step 2 縦材の輪郭線を描く

図39のように放射状に並んだ矩形板を対象物（リンゴ）に重なるように配置しましょう。放射状の矩形板と対象物が重なったところにワッフルの部品ができるわけですが、これを縦材と呼ぶことにして、`warp`と名付けたリストに加えていくことにします。一方、横材は`weft`と名付けたリストとします。まず、縦材のリストを準備するところから始めましょう。放射状に配置される矩形板は、図41のように直線を配置し、その直線をz軸方向に押し出して（extrude）作ります。

放射状に並んだ線分の端は2つの円周上にあります。内側と外側の円の半径をそれぞれ`r`、`R`とし、

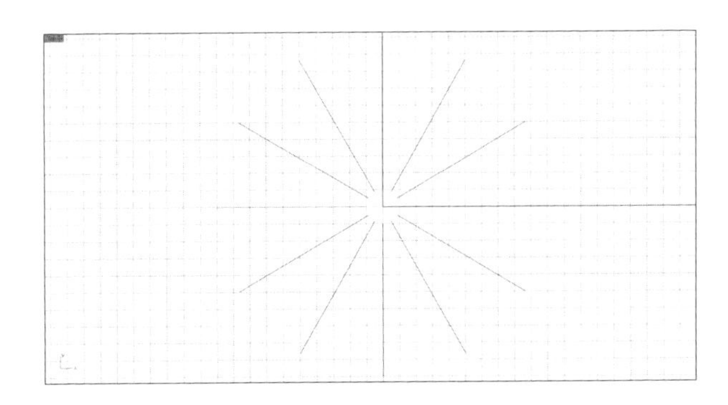

図41　12本の直線を放射状に配置する

押し出しの方向はz方向で高さは`h`としましょう。枚数`n`を指定すれば、間の角度は$2\pi/n$となります。プログラムの続きは以下のようになります。

```
8        n = 12 # Number of vertical plates
9        h = 100 # Height of vertical plate
10       r = 10 # Radius of inner circle
11       R = 100 # Radius of outer circle
12       dz = 10 # Interval between horizontal disks
13
14       # warp(vertical plates)
15       warp = []
16       path = rs.AddLine((0, 0, 0), (0, 0, h))
17       for i in range(0, n):
18           theta = i * 2*ma.pi / n
19           side = rs.AddLine((r*ma.cos(theta), r*ma.sin(theta), 0),
                         (R*ma.cos(theta), R*ma.sin(theta), 0))
20           plate = rs.ExtrudeCurve(side, path)
21           curves = rs.IntersectBreps(object, plate)
```

8　矩形板（縦材）の枚数`n`に12を代入する。
9　矩形材の高さ`h`に100を代入する。
10　矩形材が並ぶ円の内側の半径`r`に10を代入する。
11　矩形材が並ぶ円の外側の半径`R`に100を代入する。
12　水平に並ぶ円板の間隔`dz`に10を代入する。
15　空のリスト`warp`を用意する。
16　押し出す方向と高さを示す線分を描き、`path`と呼ぶ。

17	矩形板を1枚ずつ、合計n枚まで繰り返す。
18	回転角theta (θ)を計算する。
19	放射状の線分を描き、sideと呼ぶ。
20	線分sideをpathに沿って押し出し平面を作って、plateと呼ぶ。
21	対象物 (リンゴ) objectとplateの交線を求めて、curvesと呼ぶ。

Step 3 輪郭線から縦材の面を作る

求めた交線curvesを輪郭線として、これに囲まれる平面を作ります。この平面が縦材となります (図42)。注意しなければならないのは、対象物の形によって交差しない場合があることです。交差がないときには、以下の処理はできません。輪郭線が複数の場合もありますので、curvesはリストです。curvesというリストから輪郭線を1つずつ取り出して、それぞれを処理します。AddPlanarSrf()関数を使って平面を作ることができますが、ここでもう1つ注意しなければならないのは、図39のように対象物と矩形板の交線が閉じた曲線でない場合があることです。図39では、アルファベットのCに似た曲線となっていて、閉じていません。このような場合、縦材の輪郭線の始点と終点をつなぐ線を追加して閉じた曲線とすることが必要です。プログラムは以下のように続きます。

```
22            if curves:
23                edges = []
24                for crv in curves:
25                    if rs.IsCurveClosed(crv):
26                        edges.append(crv)
27                    else:
28                        start = rs.CurveStartPoint(crv)
29                        end = rs.CurveEndPoint(crv)
30                        line = rs.AddLine(end, start)
31                        edges.append(rs.JoinCurves([crv, line]))
32                        rs.DeleteObject(line)
33                surf = rs.AddPlanarSrf(edges)
34                warp.append(surf)
35                rs.DeleteObjects(edges)
36                rs.DeleteObjects(curves)
37            rs.DeleteObject(plate)
38            rs.DeleteObject(side)
39        rs.DeleteObject(path)
```

22	対象物と矩形板が交差したら、以下の処理を行う。

23	縦材の輪郭線を格納するための空のリスト`edges`を用意する。
24	交線のリストから曲線を1つずつ取り出して`crv`と呼び、繰り返す。
25, 26	`crv`が閉じていたら、そのまま輪郭線のリスト`edges`に追加する。
27-29	`crv`が閉じていなかったら、輪郭線の始点を`start`とし、終点を`end`として、
30	`start`から`end`へ直線`line`を引く。
31	`crv`と`line`を結合して輪郭線`edges`に追加する。
32	不要になった`line`を削除する。
33	`edges`で囲まれる平面を作って、`surf`と呼ぶ。
34	`surf`を縦材のリスト`warp`に追加する。
35, 36	不要になった`edges`、`curves`を削除する。
37, 38	不要になった`plate`、`side`を削除する。
39	全部の矩形板について処理が完了したら、`path`を削除する。

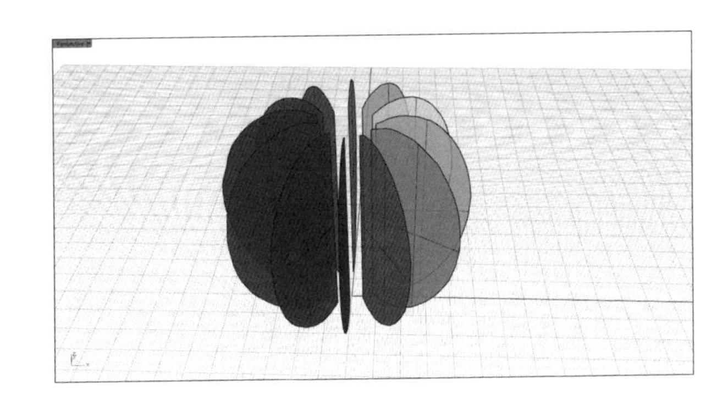

図42　対象物と矩形板の交線をもとにして描いた輪郭線から平面を作って、これらを縦材のリスト`warp`に追加する

Step 4　横材の輪郭線を描く

今度は横材です。横材をリスト`weft`に追加していきます。図40のように円板を水平に配置します。円板の半径は`R`で、`dz`の間隔をとって高さ`h`まで積み重ねます。プログラムは次のように続きます。

```
41      # weft(horizontal plates)
42      weft = []
43      start = 0
44      end = h
45      for z in rs.frange(start, end, dz):
46          circle = rs.AddCircle((0,0,z), R)
47          plate = rs.AddPlanarSrf(circle)
48          curves = rs.IntersectBreps(object, plate)
```

42	空のリストweftを用意する。
43	いちばん下の円板のz座標を0として、startと呼ぶ。
44	いちばん上の円板のz座標をhとして、endと呼ぶ。
45	startからendまでdzの間隔で、以下の処理を繰り返す。
46	座標 (0,0,z)を中心として半径Rの円を描き、circleと呼ぶ。
47	circleに面を張って円板を作り、plateと呼ぶ。
48	対象物objectと円材plateの交線を求めて、curvesと呼ぶ。

Step 5 輪郭線から横材の面を作る

ここでも、curvesができているのか、交線は閉じているのかということに注意が必要です。もし、交線がうまくできていたなら、その線を輪郭とする平面を作れば、それが横材となるでしょう（図43）。プログラムは次のように続きます。

```
49            if curves:
50                edges = []
51                for crv in curves:
52                    if rs.IsCurveClosed(crv):
53                        edges.append(crv)
54                    else:
55                        start = rs.CurveStartPoint(crv)
56                        end = rs.CurveEndPoint(crv)
57                        line = rs.AddLine(end, start)
58                        edges.append(rs.JoinCurves([crv, line]))
59                        rs.DeleteObject(line)
60                surf = rs.AddPlanarSrf(edges)
61                weft.append(surf)
62                rs.DeleteObjects(edges)
63                rs.DeleteObjects(curves)
64            rs.DeleteObject(plate)
65            rs.DeleteObject(circle)
66        rs.DeleteObject(object)
```

49	交差したら、次の処理を行う。
50	輪郭線を格納するための空のリストedgesを用意する。
51	交線のリストから1つずつ取り出してcrvと呼び、以下の処理を繰り返す。
52, 53	crvが閉じていたら、そのまま輪郭線のリストedgesに追加する。

54-56	`crv`が閉じていなかったら、始点を`start`とし、終点を`end`と呼んで、
57	`start`から`end`へ直線`line`を引く。
58	`crv`と`line`を結合して輪郭線`edges`に追加する。
59	不要になった`line`を削除する。
60	`edges`で囲まれる平面を作って、`surf`と呼ぶ。
61	`surf`を横材のリスト`weft`に追加する。
62, 63	不要になった`edges`、`curves`を削除する。
64, 65	不要になった`plate`、`circle`を削除する。
66	全部の処理が完了したら、`object`を削除する。

これでモデリングは終了です。waffling#1などと名前を付けて保存しましょう。完成したモデルは**サーフェスモデル**と呼ばれます。これを3Dプリンタなどで造形するには、厚みを付けて**ソリッドモデル**[1)]とすることが必要です。このためには、「OffsetSrf」というRhinoのコマンドを利用することができます。出来上がったモデルを再びSTL形式で保存して、そのデータを3Dプリンタなどに利用します。厚紙やアクリルの板を切り抜いて部品を作り、これらを組み立てて造形するには、その裁断図が必要となります。このためには、縦材と横材の交線を計算したり、また、その交線を分割し、さらにコマンド「Offset」を使ってはめ込みのための溝を作ったりする処理が必要です。

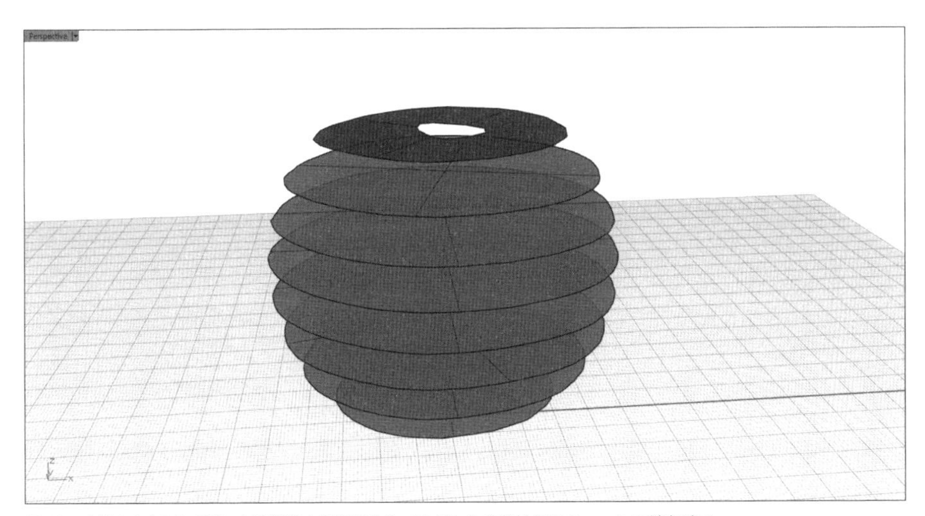

図43　交線をもとにして描いた輪郭線から平面を作って、これらを横材のリスト`weft`に追加する。

註

1) ソリッドモデルとは、中身の詰まった立体と考えればいいでしょう。円錐や球、立方体や直方体はソリッドモデルです。閉じた曲面をいうこともできます。一方、放物曲面のように閉じていないものはサーフェスモデルと呼ばれます。

5 最適化アルゴリズム

最適化のアルゴリズムを使って形を見つけることに挑戦しましょう。最適化というのは、さまざまな分野に自然と登場します。例えば、金融商品を組み合わせて分散投資を行うポートフォリオマネージャーなら、得られる利益を最大化しようと考えます。生産管理の一場面では、より効率的に生産を行って企業の利益を最大にしたいと努力します。建築計画にたずさわるなら、建物の用途と利用者の要求にできるだけ応え、満足度を最大にしようとするでしょう。しかし、どれも単純な問題ではありません。ポートフォリオマネージャーならリスクを低く抑えることも忘れてはなりません。生産管理部門では、顧客の需要も考慮しつつ、その工場で使うことができる資源、すなわち設備、材料、労働力の範囲で現実的な計画を立てなければなりません。建築計画では、立地条件という制約の中で、換気や採光、音響、動線などを考慮して建物の用途と利用者の要求を十二分に満たす建物の配置やプランが求められます。最大化しようとする利益や満足度を**目的関数**といいます。コストのように目的関数を最小化したい場合もあります。一方、リスクを低く抑えつつとか、限られた資源の中でとか、与えられた立地条件の下にとかいうのは、**制約条件**です。制約条件の下で目的関数を最大化あるいは最小化するように設計変数を決定するのが最適化です。このような問題を解く手段として近年その有効性が注目される方法に、遺伝的アルゴリズム等の**発見的最適化アルゴリズム**があります。

ここでは、その一つとして有効であり、かつアルゴリズムが比較的単純で実装も容易な**ホタルアルゴリズム**(Firefly Algorithm：FA、図44)を使って形を見つけることに挑戦してみましょう。例題として取り上げるのは、**極小曲面問題**と呼ばれるものです。これは図45のように決められた枠に張ることができる曲面のうち最も面積の小さい曲面を探すもので、現実の世界では石鹸膜の曲面として観察することができます。

図44 ホタルの点滅運動にヒントを得た群知能アルゴリズムを「ホタルアルゴリズム」という

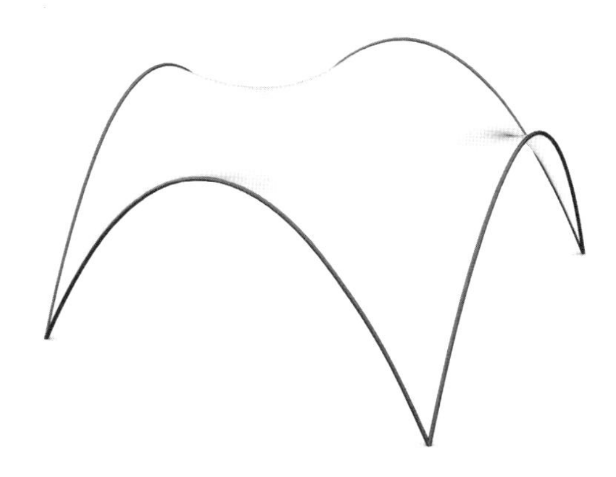

図45　黒い枠の中に張られた石鹸膜

プログラミングのアウトライン

アルゴリズムのアウトラインを1〜3に示します。おおまかなあらすじを把握してから始めましょう。ホタルアルゴリズムは、群知能に基づいた最適化アルゴリズムの一種です。群知能とは、アリの集団や鳥の群れに見られる全体としての知的ふるまいをさすものです。個体群から構成される集団において、各個体がローカルに相互作用を及ぼし合ううちに、全体の行動に創発（emergence）がもたらされるという仕組みに基づいています。アリの集団なら、個々がフェロモンを介して行動するうちに、集団としての最短経路発見につながるというようなものです。ホタルアルゴリズムはホタルの点滅運動に着想を得たアルゴリズムです。ホタルは光強度の強いほかのホタルに魅力を感じ、引き寄せられます。ただし、光強度は距離の増大に応じて減少しますから、近くて強い光を持つホタルにより引き寄せられることになります。光強度を目的関数値に依存するようにしておけば、ホタルの群れが自然と最適解に集まるというわけです。このような特性を持ったホタルの個体をクラスとしてプログラミングし、たくさんのホタルをそのクラスのインスタンスとして生成してホタルの群れを作ります。目的関数値をf、設計変数を$x=(x_0, x_1, x_2 \cdots)$として、このような仕組みをアルゴリズムにまとめると次のようになります。

1. 目的関数値$f=f(x_0, x_1, x_2 \cdots)$を計算する。
2. 目的関数値に対応する光強度を求める。
3. 自身の光強度より光の強いホタルを見つけたら、次の式（1）を使って自身の位置をその光の強いホタルに向けて近づくように更新する。

$$\mathbf{x}_i^{t+1}=\mathbf{x}_i^t+b\exp[-gr_{ij}^2](\mathbf{x}_j^t-\mathbf{x}_i^t)+a_t\varepsilon \qquad (1)$$

ここで、bは魅力の強さに関わる係数、gは吸収係数、a_tはランダムネスに関わる係数と呼ばれます。この式は、時刻tにおけるホタルの位置$\mathbf{x}_i^t$が右辺第2項と第3項によって更新されて時刻$t+1$で$\mathbf{x}_i^{t+1}$へ移動することを示しています。$\mathbf{x}_i^t$は、ある時刻tにおける番号iのホタルの位置を示しています。$\mathbf{x}_i^t$はベクトルで、問題で決定しなければならない設計変数が2つなら2次元、3つなら3次元の成分を持っています。設計変数が4つ以上あっても$\mathbf{x}_i^t$がホタルの位置を示していると考えます。一方、$\mathbf{x}_j^t$は光の強いホタルです（jの位置）。したがって、第2項の（$\mathbf{x}_j^t - \mathbf{x}_i^t$）は図46に示すように$i$番のホタルが進む方向を示しています。もし、（$\mathbf{x}_j^t - \mathbf{x}_i^t$）の係数が1だったら、一気に$\mathbf{x}_j^t$の位置に移動してしまいます。飛び移る感じですね。少しずつ移動するためには、これに小さな係数をかけて調節すればいいでしょう。その係数が、$b\exp[-gr_{ij}^2]$です。bとgは小さな値です。$\exp[-gr_{ij}^2]$は、ホタル間の距離r_{ij}の2乗の値にしたがって指数関数的に減衰するようになっています。近くのホタルには強く魅力を感じるのですが、遠くなるとそれほどでもなくなるのです。第3項のεは、ランダムな移動を意味します。ランダムネスに関わる係数a_tを時間とともに徐々に小さくなるように設定すれば、最後にはランダムな移動がなくなって、ある値に落ち着くようになるのです。

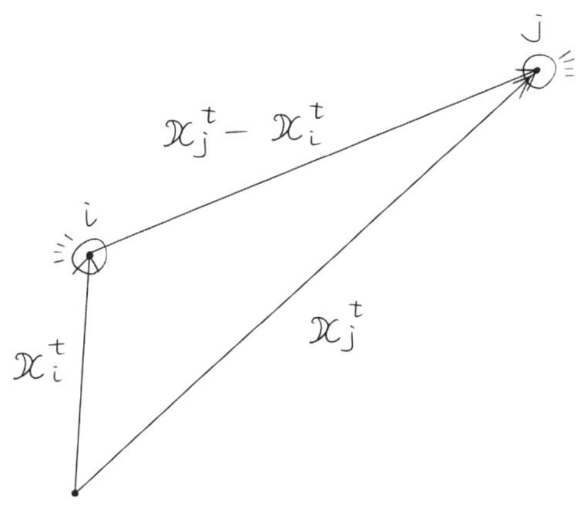

図46 ホタルアルゴリズム。番号i（左）のホタルは、自分より強い光を放つj（右）へ引き寄せられる。その方向は、jの位置ベクトルx_j^tから自分の位置x_i^tを引いた（$\mathbf{x}_j^t - \mathbf{x}_i^t$）に一致する

ホタルのクラスを設計する

ホタルアルゴリズムのプログラムの全体は以下のようになります。なお、このプログラムでは設計変数をx_0、x_1の2つとし、目的関数値を$f = x_0 x_1 \sin(2\pi x_0)\cos(2\pi x_1)$と想定しています。また、個体数は自由に変更できますが、ここでは50個体としてみました。

```
1   import rhinoscriptsyntax as rs
2   import random as rm
3   import math as ma
4
5   a = 0.1
6   b = 0.01
7   g = 1.0
8   t = 0.0
9   dt = 0.01
10  L = 0.5
11
12  class Firefly:
13
```

```
14          def __init__(self, nod, x, group, nop):
15              self.nod = nod
16              self.x = x
17              self.group = group
18              self.nop = nop
19
20          def evaluate(self):
21              func = self.x[0]*self.x[1] *
                         ma.sin(2*ma.pi*self.x[0]) *
                         ma.cos(2*ma.pi*self.x[1])
22              self.ri = func
23
24          def move(self):
25              for target in self.group:
26                  if self.ri < target.ri:
27                      r2 = 0.0
28                      for i in range(0, self.nod):
29                          r2 = r2 + (self.x[i]-target.x[i])**2
30                      for i in range(0, self.nod):
31                          ex = (rm.random()-0.5)*L
32                          self.x[i] = self.x[i] + b*ma.exp(-g*r2) *
                            (target.x[i]-self.x[i]) + a*ex*ma.exp(-t)
33
34          def display(self):
35              rs.AddCircle([self.x[0]*50, self.x[1]*50, 0], 0.5)
36
37      nop = 50    # Population
38      swarm = []  # Swarm of fireflies
39      nod = 2     # Number of design variables
40
41      for i in range(0, nop): # Generate random population
42          x = []
43          for k in range(0, nod):
44              x.append(rm.random())
45          swarm.append(Firefly(nod, x, swarm, nop))
46
```

```
47        for step in range(0, 500):  # Calculation steps
48            t = t + dt
49            for one in swarm:
50                one.evaluate()
51            for one in swarm:
52                one.move()
53
54        for one in swarm:  # Display the final result
55            one.display()
56            print one.x[0], one.x[1]
```

Step 1 モジュールをインポートしてパラメータを設定する

ホタルアルゴリズムを定義するクラスを中心に少しずつ見ていきましょう。まずは、乱数や数学のモジュールのインポートとクラスで必要なパラメータを定義する部分です。a、b、g、Lの値は解の探索性能に大きな影響を及ぼしますので、問題により変更する必要があります。

```
1         import rhinoscriptsyntax as rs
2         import random as rm
3         import math as ma
4
5         a = 0.1
6         b = 0.01
7         g = 1.0
8         t = 0.0
9         dt = 0.01
10        L = 0.5
```

1	rhinoscriptsyntaxモジュールをインポートして、rsという略称を付ける。
2	乱数モジュールrandomをインポートして、rmという略称を付ける。
3	数学モジュールmathをインポートして、maという略称を付ける。
5	P.145の式(1)におけるaの値を0.1とする。
6	式(1)におけるbの値を0.01とする。
7	式(1)におけるgの値を1.0とする。
8	時刻tの初期値を0.0とする。
9	時刻の間隔dtを0.01とする。
10	ランダムな移動幅を0.5として、Lと呼ぶ。

Step 2　クラスの見出しと初期化メソッドを書く

次はホタルのクラスの見出しとクラスを初期化するためのメソッドの部分です。

```
12    class Firefly:
13
14        def __init__(self, nod, x, group, nop):
15            self.nod = nod
16            self.x = x
17            self.group = group
18            self.nop = nop
```

12	クラスの名前を**Firefly**とする。
14	初期化メソッドの見出し行。引数の1つ目は必ず**self**で（P.46）、**nod**は設計変数の数を示すパラメータ、**x**は設計変数、**group**はホタルの集団、**nop**はホタルの個体数。
15	設計変数の数を設定する。
16	設計変数の値を設定する。
17	ホタルの集団を設定する。
18	個体数を設定する。

Step 3　目的関数値を計算する

次は目的関数の値を計算する部分です[1)]。その値にしたがって光強度が決まります。この例題では目的関数を最大化する問題を扱いますので、目的関数値をそのまま光強度にしています。もし、最小化したいなら、光強度と目的関数値は反比例するような関係にすればいいわけです。

```
20        def evaluate(self):
21            func = self.x[0]*self.x[1] *
                          ma.sin(2*ma.pi*self.x[0]) *
                          ma.cos(2*ma.pi*self.x[1])
22            self.ri = func
```

20	**evaluate**という名前のメソッドの見出し行。
21	目的関数値を計算して、**func**と呼ぶ。
22	**func**の値をそのまま光強度として、**self.ri**と呼ぶ。

註

1) ここでは、目的関数値 $f = x_0 x_1 \sin(2\pi x_0) \cos(2\pi x_1)$ を $0 \leqq x_0$、$x_1 \leqq 1$ の範囲で最大化する設計変数 x_0、x_1 の値を求める最適化問題を例として取り上げます。

Step 4 ホタルの移動を計算する

次はホタルの移動をシミュレーションする部分です。

```
24        def move(self):
25            for target in self.group:
26                if self.ri < target.ri:
27                    r2 = 0.0
28                    for i in range(0, self.nod):
29                        r2 = r2 + (self.x[i]-target.x[i])**2
30                    for i in range(0, self.nod):
31                        ex = (rm.random()-0.5)*L
32                        self.x[i] = self.x[i] + b*ma.exp(-g*r2) *
                          (target.x[i]-self.x[i]) + a*ex*ma.exp(-t)
```

24	moveという名前のメソッドの見出し行。
25	ホタルの集団の中のすべてのホタルを対象(target)にして繰り返す。
26	自身の光強度より光の強いホタルを見つけたら、
27	そのホタルまでの距離を計算するために、まずr2を初期化する。
28	設計変数の数だけ以下の計算を繰り返す。
29	設計変数ごとの差を2乗してr2に加算し、2乗和によって距離を求める。
30	設計変数ごとの移動成分を求める計算を繰り返す。
31	ランダムな移動成分を計算してexとする。
32	P.145の式(1)にしたがって移動を行う。

Step 5 ホタルを表示する

最後は、Rhinoのビューポートにホタルを表示する部分です。この部分は、一般化せずに設計変数が2つの場合について書いています。

```
34        def display(self):
35            rs.AddCircle([self.x[0]*50, self.x[1]*50, 0], 0.5)
```

34	displayという名前のメソッドの見出し行。
35	設計変数のx[0]、x[1]を50倍してx座標、y座標とし、その位置に半径0.5の円を描く。

Step 6 最適化の例題へ適用して試す

ホタルアルゴリズムを定義するクラスは以上です。これより後はホタルの群れを放って、最適化問題を解くプログラムです。ホタルの数を50匹（本当は1頭、2頭と数えるのが正しいそうですが）とします。

```
37        nop = 50     # Population
38        swarm = []   # Swarm of fireflies
39        nod = 2      # Number of design variables
```

37	ホタルの数を50匹として、nopと呼ぶ。
38	ホタルの集団をswarmと呼ぶことにして、まずは空のリストを用意する。
39	設計変数の数が2であることを示して、nodと呼ぶ。

次に、ホタルをランダムに生成します。

```
41        for i in range(0, nop):  # Generate random population
42            x = []
43            for k in range(0, nod):
44                x.append(rm.random())
45            swarm.append(Firefly(nod, x, swarm, nop))
```

41	必要な数のホタルを生成するため、ホタルの数nopだけ以下の計算を繰り返す。
42	設計変数をxと呼ぶことにして、まずは空のリストを用意する。
43	設計変数の数nodだけ以下の計算を繰り返す。
44	乱数を発生してxに追加する。
45	初期化メソッドFireflyを呼び出してホタルを生成し、集団swarmに追加する。

次はホタルを解の空間に解き放って、最適解を探索します。ここでは、ホタルの位置を更新する計算を500回繰り返すことにしています。最後にすべてのホタルを表示して、その設計変数の値もメッセージエリアに出力します。

```
47        for step in range(0, 500):  # Calculation steps
48            t = t + dt
49            for one in swarm:
50                one.evaluate()
51            for one in swarm:
52                one.move()
```

```
53
54        for one in swarm:  # Display the final result
55            one.display()
56            print one.x[0], one.x[1]
```

47	以下の計算を500回繰り返す。
48	時刻tをdtだけ進める。
49, 50	集団swarmから1匹ずつ取り出して、評価をすべてのホタルについて繰り返す。
51, 52	同様の移動をすべてのホタルについて繰り返す。
54	ホタルを1匹ずつ取り出して、以下の計算を繰り返す。
55	ホタルを表示する。
56	設計変数の値を出力する。

プログラムを実行してみましょう。図47は、ホタルの初期集団を表示したものです。また、繰り返し計算を行って図48～50は10回目、100回目、500回目の結果を示しています。ランダムに生成された集団が解の探索を繰り返し、最終的には最適解（0.782, 0.545）を見つけるのに成功したことがわかります。ところで、このような手法で得られた解を正確には**近似解**といいます。

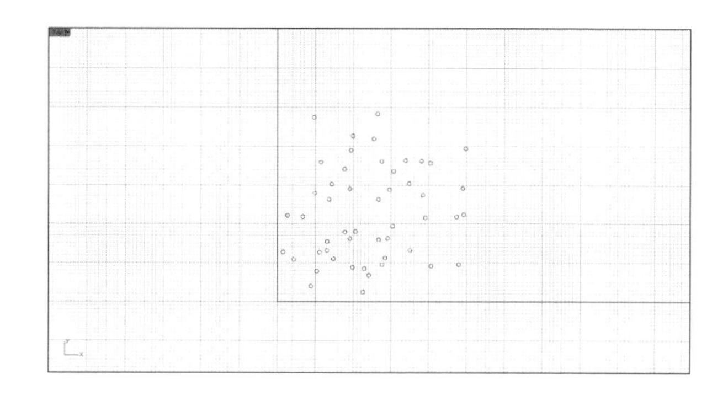

図47　ホタルの初期集団。50匹のホタルが領域全体に散らばっている様子が見える

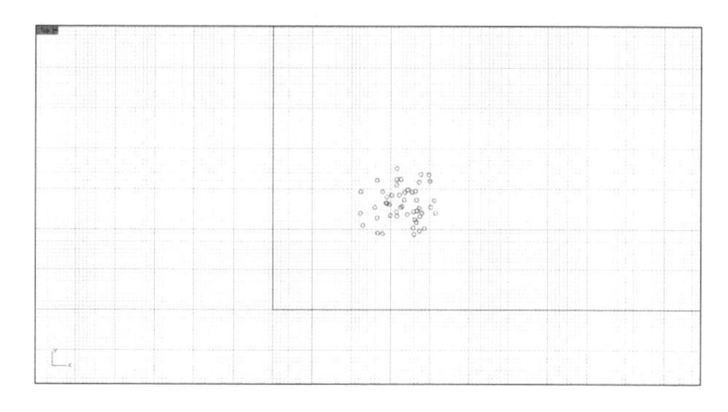

図48　計算を繰り返し、10回目のホタルの集団。特定の位置に集まる傾向が観察できる

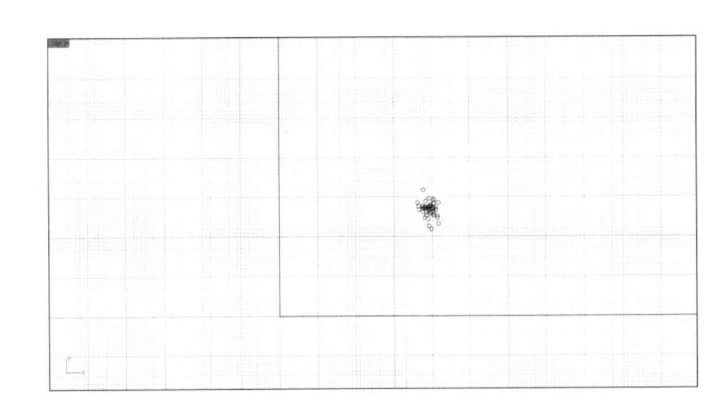

図49　100回目のホタルの集団。この例題の最適解である（0.782, 0.545）付近に集中している

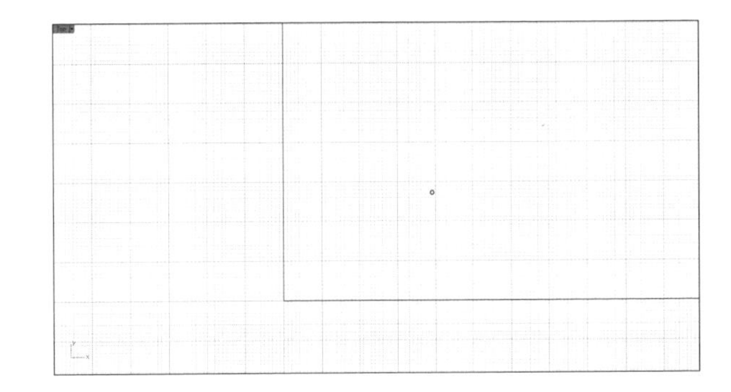

図50　500回目のホタルの集団。最適解の近似値に収束していることがわかる

Step 7　極小曲面問題に挑戦する

それでは、ホタルアルゴリズムを使って極小曲面問題を解いてみましょう。ここで扱う例題は、図51のような枠に張ることができる曲面のうち最も面積の小さな曲面（極小曲面）はどのような曲面かを明らかにする問題です。これは、その枠に張るシャボン玉の曲面と一致することが知られ、また**等張力曲面**とも呼ばれます。

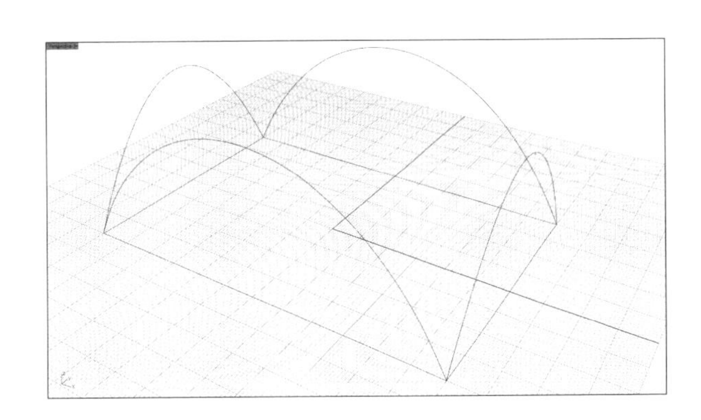

図51　曲面を張るための枠を設定する

Step 8 枠を作って準備する

プログラムに入る前に、この枠の作り方から解説します。枠を作る手順がプログラムの内容に影響するからです。以下のプログラムでは、次のようにして枠を準備することが前提となっています。まず、Rhinoのコマンドを使って*x-y*平面上（Top）に長方形を描きます（図52）。大きさは特に影響しませんが、縦横を80×120としてみましょう。

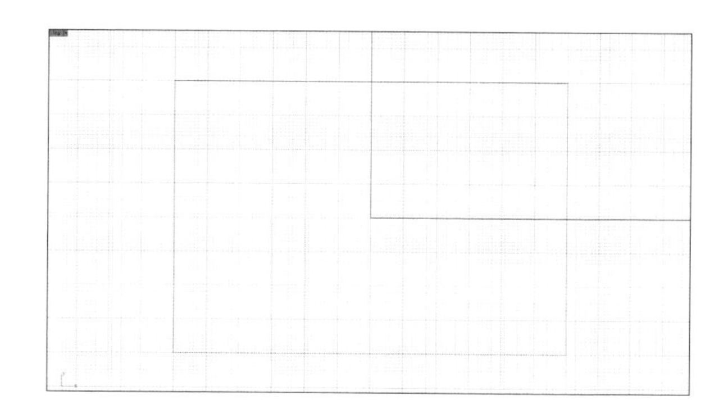

図52 RhinoのTop画面に長方形を描く

次に、*x-z*平面上（Front）画面で、Rhinoのコマンドである「Control point curve（制御点指定曲線）」を使って放物線に似た曲線を図53のように描きます。このとき大切なのは、制御点(control point)は両端に2つ、内部の対称な位置に2つの計4つにすることです。Rhinoの画面の下の方にあるステータスバーのPlanar（平面モード）をオンに設定しておくことも忘れないでください。

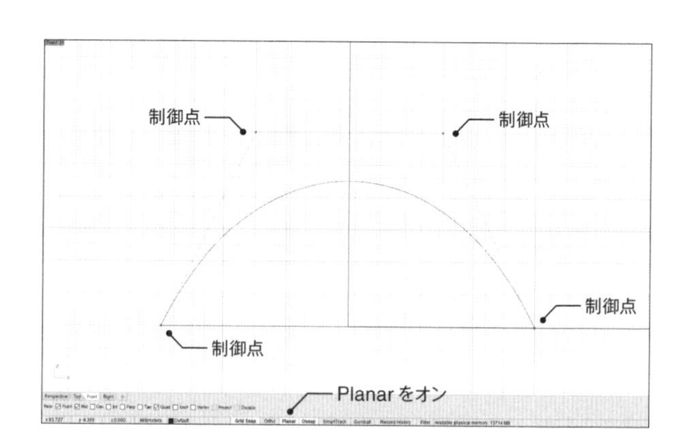

図53 RhinoのFront画面に*x*軸に沿った放物線を描く

この曲線をコピーしてPerspective画面に移動し、図54のように反対側の長辺にペーストして放物線を描きます。

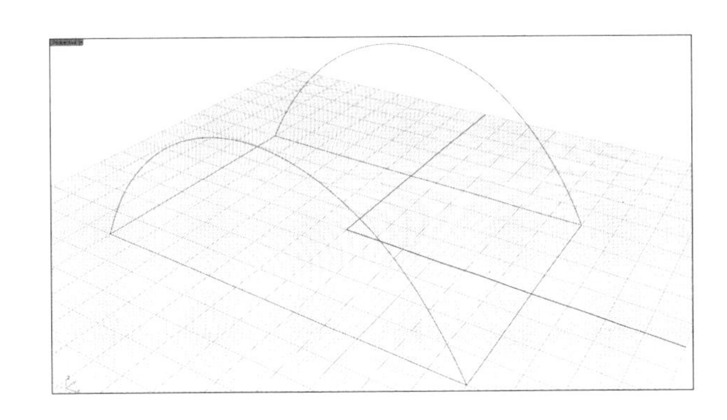

図54　反対側の長辺にも放物線を描く

同じように「Control point curve」を使って*y-z*平面（Right）で、図55のように*y*軸上の短辺に放物線を描きます。今度は制御点を両端に2つ、内部の中央に1つの計3つにします。

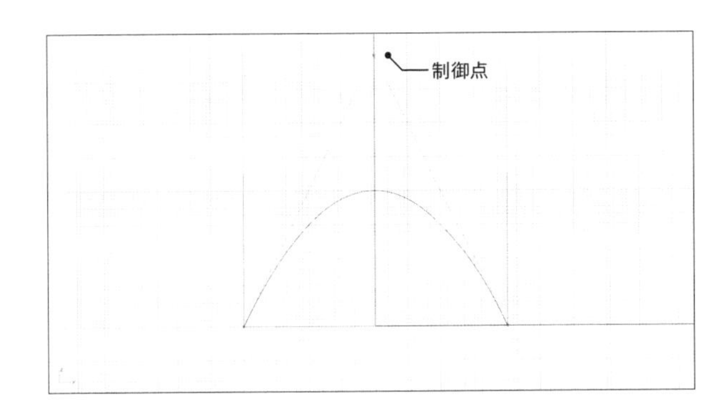

図55　*y*軸に沿った放物線を描く

この曲線をコピーしてPerspective画面に移動し、図56のように反対側の短辺にペーストして放物線を描きます。これで枠は完成です。

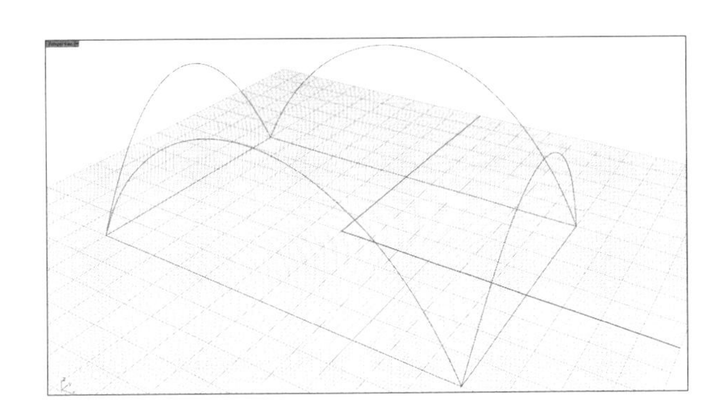

図56　4本の放物線でできた枠

Step 9　枠に膜を張る

次は、この枠に張る曲面を作りましょう。これには、Rhinoの「Surface Tools」にあるコマンドの「Surface from 2, 3 or 4 edge curves（サーフェイス〈2、3または4エッジ曲線から〉）」を使います。ここまでで描いた4本の枠を選んでおいて、「Surface from 2, 3 or 4 edge curves」のアイコンをクリックします。すると図57のような曲面を作ることができます。このような手順でできた曲面は、図58のように12個の制御点を持ち、そのうちの2個が内部の制御点となっています。図52から図57までの順に曲面を生成すると図58のように制御点が配置されるのです。曲面の面積は内部の制御点の位置によって変わるので、極小曲面を求めるために書き換えたい制御点は、4番と7番ということになります[1)]。以下のプログラムでは、このように並んだ制御点を前提にコードが書かれています。

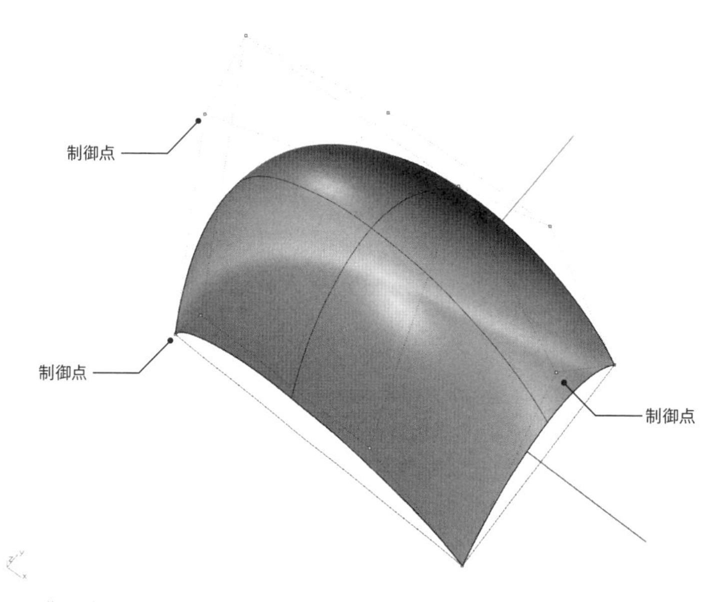

図57　曲面と制御点の配列。引出線で示した3点を含めた白い点12個が制御点

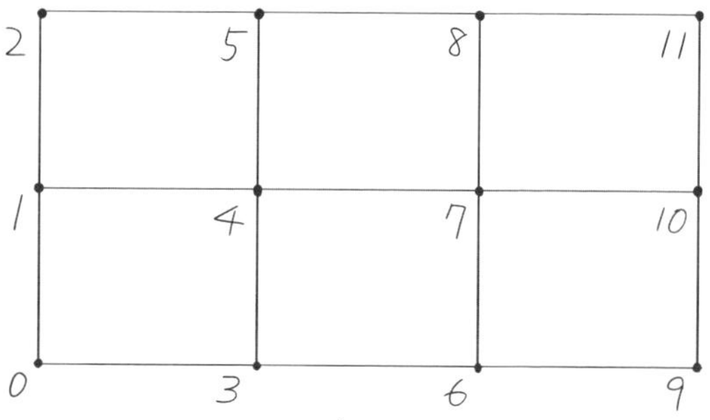

2　5　8　11
1　4　7　10
0　3　6　9

図58　12個の制御点の配置とその番号。極小曲面は、図中の4と7の位置を調整することによって求めることができる

註

1）制御点の位置は、以下のプログラム（左）でチェックできます。プログラムを実行し曲面を選択すると制御点の座標が順番に出力されますから、その座標で内部にある制御点の番号を確認できます。下右のように出力されれば、(−30,0,130)と(30,0,130)が内部の制御点とわかります。先頭の制御点は0番ですから、この2つは4番と7番となります。

```
1    import rhinoscriptsyntax as rs
2
3    surf = rs.GetObject("Select a surface", 8)
4    controls = rs.SurfacePoints(surf)
5    for pt in controls:
6        print pt
```

```
-60,-40,0
-60,0,80
-60,40,0
-30,-40,50
-30,0,130
-30,40,50
30,-40,50
30,0,130
30,40,50
60,-40,0
60,0,80
60,40,0
```

Step 10　極小曲面問題へ適用する

さて、この問題では、評価の部分で曲面の面積を計算すればいいわけです。ホタルのクラスは基本的にそのままにして、evaluateというメソッドだけを極小曲面問題を解くためのコードに書き換えます。したがって、プログラムの全体は以下のようになります。

```
1     import rhinoscriptsyntax as rs
2     import random as rm
3     import math as ma
4
5     a = 0.1
6     b = 0.01
7     g = 1.0
8     t = 0.0
9     dt = 0.01
10    L = 0.5
11
12    class Firefly:
13
14        def __init__(self, nod, x, group, nop, scale):
15            self.nod = nod
16            self.x = x
17            self.group = group
```

```
18              self.nop = nop
19              self.scale = scale
20
21          def evaluate(self):
22              controls[4][2] = self.x[0] * scale
23              controls[7][2] = self.x[1] * scale
24              surf = rs.AddNurbsSurface(count, controls, knots[0],
                         knots[1], degree)
25              self.area = rs.SurfaceArea(surf)[0]
26              self.ri = 1.0/self.area
27              rs.DeleteObject(surf)
28
29          def move(self):
30              for target in self.group:
31                  if self.ri < target.ri:
32                      r2 = 0.0
33                      for j in range(0, self.nod):
34                          r2 = r2 + (self.x[j]-target.x[j])**2
35                      for j in range(0, self.nod):
36                          ex = (rm.random()-0.5)*L
37                          self.x[j] = self.x[j] + b*ma.exp(-g*r2) *
                            (target.x[j]-self.x[j]) + a*ex*ma.exp(-t)
38
39          def display(self):
40              controls[4][2] = self.x[0] * scale
41              controls[7][2] = self.x[1] * scale
42              surf = rs.AddNurbsSurface(count, controls, knots[0],
                         knots[1], degree)
43              area = rs.SurfaceArea(surf)[0]
44
45      surf = rs.GetObject("Select a surface", 8)
46      count = rs.SurfacePointCount(surf)
47      knots = rs.SurfaceKnots(surf)
48      weights = rs.SurfaceWeights(surf)
49      degree = rs.SurfaceDegree(surf)
50      controls = rs.SurfacePoints(surf)
```

```
51
52          rs.DeleteObject(surf)
53
54          nop = 10    # Population
55          swarm = []  # Swarm of fireflies
56          nod = 2     # Number of design variables
57          scale = 100 # Scaling factor
58
59          for i in range(0, nop):  # Generate random population
60              x = []
61              for k in range(0, nod):
62                  x.append(rm.random())
63              swarm.append(Firefly(nod, x, swarm, nop, scale))
64
65          for step in range(0, 400):  # Calculation steps
66              t = t + dt
67              for one in swarm:
68                  one.evaluate()
69              for one in swarm:
70                  one.move()
71
72          min = swarm[0]  # Search for minimum from cloud
73          for one in swarm:
74              if one.area < min.area:
75                  min = one
76
77          min.display()
78          print min.area
```

Step 11 曲面の情報を取得する

まずはじめに、Rhinoのドキュメント上に描いて準備した曲面の情報を使って、評価値を計算したり、曲面を描いたりするので、これらの情報を取得するところから始めましょう。

```
45          surf = rs.GetObject("Select a surface", 8)
46          count = rs.SurfacePointCount(surf)
47          knots = rs.SurfaceKnots(surf)
```

```
48        weights = rs.SurfaceWeights(surf)
49        degree = rs.SurfaceDegree(surf)
50        controls = rs.SurfacePoints(surf)
```

45	選択した曲面を`surf`と呼ぶ。
46	`surf`の制御点の数を`count`と呼ぶ。
47-49	`surf`のノット、重み、次数をそれぞれ`knots`、`weights`、`degree`と呼ぶ。
50	`surf`の制御点を`controls`と呼ぶ。

選択した曲面は、NURBSと呼ばれる曲面です。NURBSは、Non-Uniform Rational Basis Spline（非一様有理Bスプライン）の略で、次数（degree）とウエイト（weights）の指定された複数の制御点（controls）およびノット（knots）ベクトルで構成されています。このプログラムでは、制御点の位置を書き換えて曲面を再定義しますので、これらの情報のすべてを知る必要があるのです。

Step 12 評価値を計算する

ホタルクラスの重要な変更点は、評価値を計算する`evaluate()`メソッドです。12個の制御点には、図58のように番号が付いています。枠の上にある制御点はそのままに、内部の制御点、すなわち4番と7番を変更します。また、制御点の座標は*x*方向が`[0]`、*y*方向が`[1]`、*z*方向が`[2]`となっていますので、4番の制御点の*z*方向は、`controls[4][2]`、7番の制御点の*z*方向は、`controls[7][2]`です。評価に先立って、設計変数`x`を`scale`倍してこれら2つの制御点の*z*座標を変更します。これは、ホタルのクラスで設計変数は0～1の範囲を取るようになっているためです。この極小曲面問題では0～100の範囲が妥当と考えられるので、`scale`に100を設定しました。このために、初期化メソッド（14行目）に`scale`という引数（パラメータ）が加わっています。

```
21            def evaluate(self):
22                controls[4][2] = self.x[0] * scale
23                controls[7][2] = self.x[1] * scale
24                surf = rs.AddNurbsSurface(count, controls, knots[0],
                          knots[1], degree)
25                self.area = rs.SurfaceArea(surf)[0]
26                self.ri = 1.0/self.area
27                rs.DeleteObject(surf)
```

21	`evaluate()`メソッドの見出し行。
22	制御点`controls[4][2]`を変更する。
23	制御点`controls[7][2]`を変更する。

24	制御点以外の情報はそのまま、`AddNurbsSurface()`関数を使って曲面を再定義し、再び`surf`と呼ぶ。
25	`SurfaceArea()`関数を使って面積を計算し、面積の値だけ（リストの中の0番）を`area`と呼ぶ。
26	最小化の問題であり、面積が小さいほど高い評価となるよう面積の逆数を評価値とする。
27	曲面`surf`をRhinoのドキュメントから削除する。

Step 13　曲面を描く

次はNURBS曲面の形状を表示する部分、`display()`メソッドです。`evaluate()`メソッドと同様に、設計変数の値を`scale`倍して制御点を変更し、曲面を再定義します。

```
39        def display(self):
40            controls[4][2] = self.x[0] * scale
41            controls[7][2] = self.x[1] * scale
42            surf = rs.AddNurbsSurface(count, controls, knots[0],
                         knots[1], degree)
43            area = rs.SurfaceArea(surf)[0]
```

39	`display()`メソッドの見出し行。
40	設計変数`x[0]`に`scale`倍して`controls[4][2]`を変更する。
41	設計変数`x[1]`に`scale`倍して`controls[7][2]`を変更する。
42	NURBS曲面を再定義して`surf`と呼ぶ。
43	曲面の面積を計算して`area`と呼ぶ。

Step 14　解を見つけるための準備をする

ホタルクラスの変更点は以上です。メインプログラムに戻りましょう。RhinoのドキュメントШ上にあったNURBS曲面の情報を取得した後は、その曲面を削除するところから始めます。

```
52    rs.DeleteObject(surf)
53
54    nop = 10      # Population
55    swarm = []    # Swarm of fireflies
56    nod = 2       # Number of design variables
57    scale = 100   # Scaling factor
```

52	曲面`surf`を削除する。

54 ホタルの個体数nopを10と設定する。
55 ホタルの群れをswarmと呼ぶことにして、空のリストを用意する。
56 設計変数の数を2と設定する。
57 設計変数xの値は0≦x≦1としているので、これに適当な数値を乗じて制御点の高さとすることとし、その数値を100としてscaleと呼ぶ。

Step 15 ホタルの群れを初期化する

次はホタルの群れを初期化します。すなわち、必要な数のホタルをランダムに生成するのです。

```
59        for i in range(0, nop):  # Generate random population
60            x = []
61            for k in range(0, nod):
62                x.append(rm.random())
63            swarm.append(Firefly(nod, x, swarm, nop, scale))
```

59 個体数だけ以下の計算を繰り返す。
60 設計変数として空のリストを用意し、xと呼ぶ。
61 設計変数の数だけ以下を繰り返す。
62 0から1の範囲にある乱数を発生させてxに追加する。
63 設計変数がそろったら、Firefly()の初期化メソッドを呼び出してホタルを生成し、ホタルの群れswarmに追加する。

Step 16 探索を開始する

準備は整いましたので、いよいよホタルの群れに極小曲面問題の最適解を探してもらいましょう。ここでは、400回の探索を行うとしています。回数が少なければ、解析時間は短くなりますが、解の精度には期待できません。回数を多くすれば精度は高まりますが、解析時間が長くなってしまいます。問題の複雑さに合わせて探索の回数を調節する必要があるのです。

```
65        for step in range(0, 400):  # Calculation steps
66            t = t + dt
67            for one in swarm:
68                one.evaluate()
69            for one in swarm:
70                one.move()
```

65 以下の計算を400回繰り返す。

66	時刻tをdtだけ進める。
67, 68	個体の数だけ評価を繰り返す。
69, 70	個体の数だけ移動を繰り返す。

Step 17　ホタルの群れから最も優れた解を探し出す

最後に、最も面積の小さいホタル（解）を群れの中から探して表示します。アルゴリズムの最後には、ホタルはある1箇所に集中すると思われますが、計算回数が足りないなどの影響で収束が十分でない場合もあります。そのため、群れの中で最も面積の小さいホタルを探して表示するのがいいでしょう。

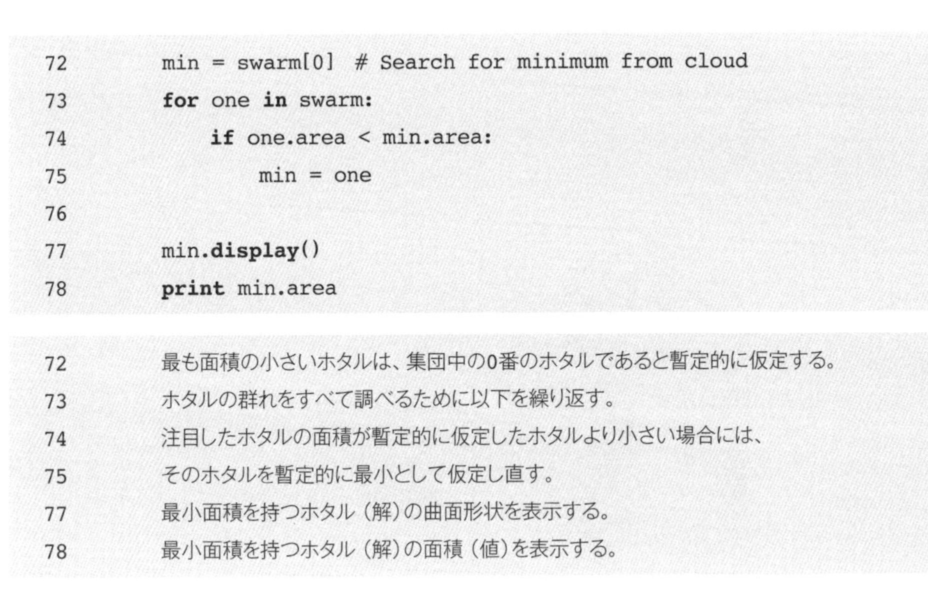

```
72        min = swarm[0]  # Search for minimum from cloud
73        for one in swarm:
74            if one.area < min.area:
75                min = one
76
77        min.display()
78        print min.area
```

72	最も面積の小さいホタルは、集団中の0番のホタルであると暫定的に仮定する。
73	ホタルの群れをすべて調べるために以下を繰り返す。
74	注目したホタルの面積が暫定的に仮定したホタルより小さい場合には、
75	そのホタルを暫定的に最小として仮定し直す。
77	最小面積を持つホタル（解）の曲面形状を表示する。
78	最小面積を持つホタル（解）の面積（値）を表示する。

図59のような極小曲面の形状（近似解）が得られます。寸法が正しければメッセージエリアには6651前後の数値が示されているでしょう。得られた曲面の面積が約6651mm^{2}であることがわかります。

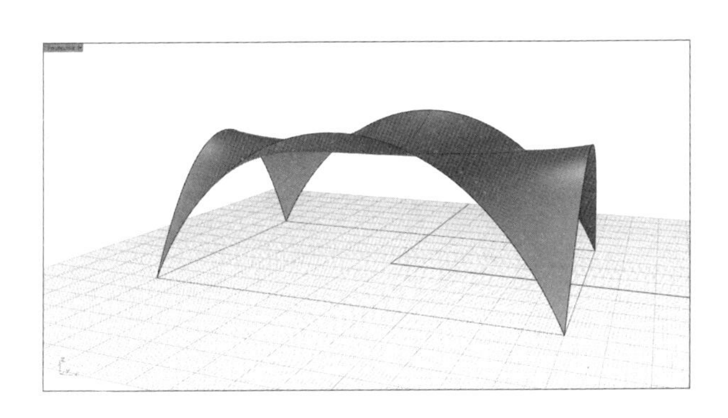

図59　極小曲面（近似解）の形状

6 チューリング・パターン

動物の表皮にはシマウマ、熱帯魚、ヒョウ（図60）のようにさまざまな模様があります。この模様についてチューリング（Alan Turing：イギリスの数学者、1912-1954）は「化学反応の組み合わせが波を発生させ、それが模様のもととなる」という仮説を立て、反応拡散方程式と呼ばれる方程式系がある条件を満たすとき、空間パターンを自発的に生じることを証明しました。反応拡散方程式は空間に分布する複数種の物質の濃度が、互いに作用して変化する局所的な化学反応と、時間とともに空間全体に広がる拡散という、2つのプロセスの影響によって変化する様子を表現した数理モデルです。この空間パターンはチューリング・パターンと呼ばれます。図61はチューリング・パターンの一例です。ここでは、反応拡散方程式によって生成されるパターンを立体的な形にしてみましょう。

図60 ヒョウ

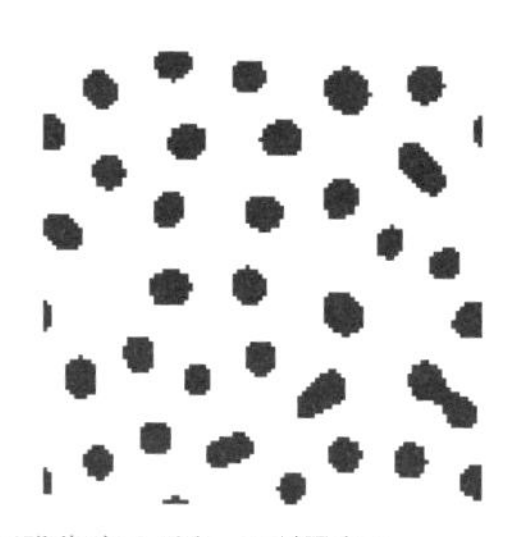

図61 チューリング・パターンの例。同じ方程式でも、パラメータの違いによって発生するパターンが異なる

反応拡散方程式

チューリングの反応拡散理論では、活性因子および抑制因子と呼ばれる物質の濃度をそれぞれuとvとします。u、vは濃度の分布を表しますから場所によって値が変化します。したがって、空間座標x、yの関数です。一方、時間とともに変化しますから時間変数tの関数でもあると考えて、$u(x, y, t)$、$v(x, y, t)$と表し、次の式（1）に示すような微分方程式系をそのモデルとしています。これが反応拡散方程式です。

$$\left.\begin{aligned}\frac{\partial u}{\partial t} &= D_u \Delta u + f(u, v) \\ \frac{\partial v}{\partial t} &= D_v \Delta v + g(u, v)\end{aligned}\right\} \quad (1)$$

ここで、D_u、D_vは**拡散係数**、Δは**ラプラス演算子**と呼ばれ、これらの項はそれぞれuの拡散、vの拡散を意味します。また、関数$f(u, v)$、$g(u, v)$はuとvの反応を表します。反応拡散方程式は、これらの項の和が左辺の$\frac{\partial u}{\partial t}$、$\frac{\partial v}{\partial t}$で表される濃度変化の速さに等しいことを示しています。u、vは変数x、y、tの連続な関数ですが、そのままでは計算が難しいため、図62（P.166）のように空間を等間隔hで格子状に分割し、その格子点でu、vを考えます。さらに時間についてもdtという時間間隔で図63のように離散的に扱います。したがって、$u(x, y, t)$と書く代わりに格子点(i, j)での時刻tにおけるuの値を$u^t_{i,j}$と書くことにしましょう。vも同様です。図62にグレーで示されるように、領域を縦横ともにn分割すると、x方向にもy方向にもそれぞれ1～$n+1$までの$n+1$個の格子点ができます。後ほど境界処理のところで説明しますが、領域の外側に1周余計に格子点が必要となりますので、x方向y方向それぞれ0～$n+2$までの$n+3$個の格子点を準備します。式（1）に含まれる時間微分の計算を**差分近似**と呼ばれる手法で代替して整理すると、時間がdtだけ経過した後の状態を計算する次の方程式（2）を得ることができます。右辺は時刻tにおいてすでにわかっている値だけを使ってすべて計算できますから、この式を使って時刻$t+dt$のuとvを計算できるのです[1)]。

$$\left.\begin{aligned}u^{t+dt}_{i,j} &= u^t_{i,j} + (D_u \Delta u + f(u, v))\,dt \\ v^{t+dt}_{i,j} &= v^t_{i,j} + (D_v \Delta v + g(u, v))\,dt\end{aligned}\right\} \quad (2)$$

ここで、ラプラス演算子の項は差分近似によって次のように計算できます。

$$\left.\begin{aligned}\Delta u &\approx \frac{u_{i+1,j} + u_{i,j+1} + u_{i-1,j} + u_{i,j-1} - 4u_{i,j}}{h^2} \\ \Delta v &\approx \frac{v_{i+1,j} + v_{i,j+1} + v_{i-1,j} + v_{i,j-1} - 4v_{i,j}}{h^2}\end{aligned}\right\} \quad (3)$$

さらに、反応を意味する$f(u, v)$、$g(u, v)$の一例として次のように、

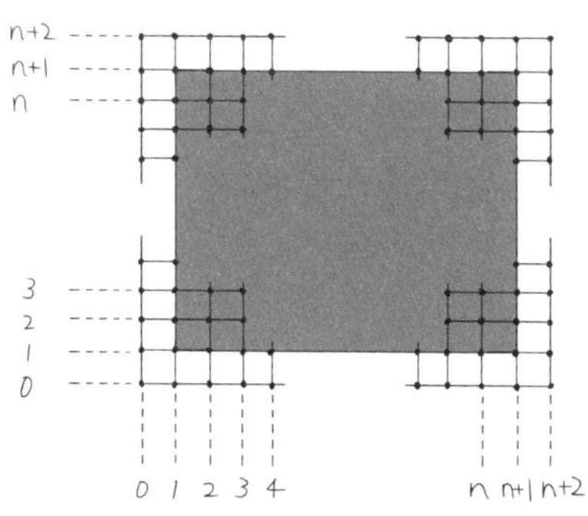

図62　領域を縦横ともにn分割したときにできる格子点

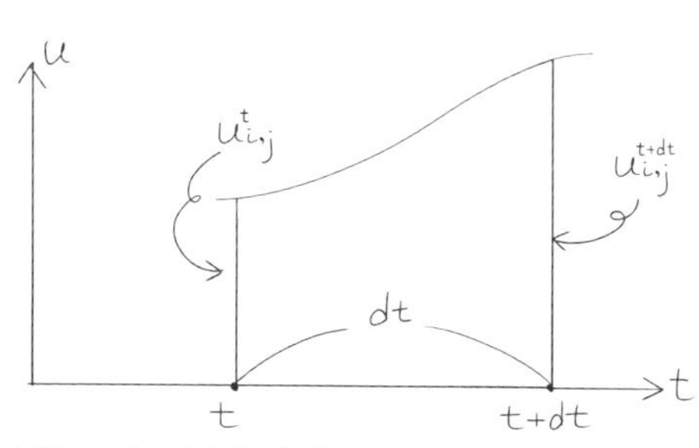

図63　dtという時間が経過したときの活性因子uの値

$$\left.\begin{aligned} f(u,v) &= -uv^2 + a(1-u) \\ g(u,v) &= uv^2 - bv \end{aligned}\right\} \qquad (4)$$

としましょう。a、bは定数で、プログラムコードの中ではD_u、D_vと同様に適当な値をいろいろ試してみます。

註

1) 式(2) や(3) についての詳細は、『デザイン言語Processing入門』(三井和男著、森北出版) が参考になります。

プログラミングのアウトライン

プログラミングのアウトラインを1～7に示します。おおまかなあらすじを把握してから始めましょう。

1. 係数を設定する。
2. 活性因子 uと抑制因子 vの空間を2次元のリストとする。 また、次の時刻の活性因子 $u1$と抑制因子 $v1$も同じく2次元のリストとする。
3. 計算のはじめにuと vのわずかな乱れを発生させる。
4. 境界処理を実行する。
5. 式 (3)を使って次の時刻における活性因子 $u1$と抑制因子 $v1$を計算する。
6. 4と5を5000回程度繰り返し、一定時間が経過した後の uと vの状態を得る。
7. uと vの分布をメッシュで表現する。

プログラムの全体は次のようになります。

```
1    import rhinoscriptsyntax as rs
2    import math as ma
3    import random
4
5    n = 100
```

```
6       dt = 0.5
7       h = 0.1
8       h2 = h*h
9
10      a = 0.02
11      b = 0.078
12      Du = 0.002
13      Dv = 0.001
14
15      u = []
16      v = []
17      u1 = []
18      v1 = []
19
20      def clear():
21          row = []
22          for i in range(n+3):
23              for j in range(n+3):
24                  row.append (1)
25              u.append(row)
26              u1.append(row)
27              row = []
28          row = []
29          for i in range(n+3):
30              for j in range(n+3):
31                  row.append(0)
32              v.append(row)
33              v1.append(row)
34              row = []
35
36      def init():
37          x = random.randrange(1, n+2)
38          y = random.randrange(1, n+2)
39          for i in range(1, n+2):
40              for j in range(1, n+2):
41                  r = ma.sqrt((x-i)**2 + (y-j)**2)
```

```
42                    if r < 8:
43                        u[i][j] = 0.6 + random.random()*0.06
44                        v[i][j] = 0.2 + random.random()*0.02
45
46    def boundary():
47        for i in range(1, n+2):
48            u[i][0] = u[i][n+1]
49            u[i][n+2] = u[i][1]
50            u[0][i] = u[n+1][i]
51            u[n+2][i] = u[1][i]
52        for i in range(1,n+2):
53            v[i][0] = v[i][n+1]
54            v[i][n+2] = v[i][1]
55            v[0][i] = v[n+1][i]
56            v[n+2][i] = v[1][i]
57
58    def update():
59        for i in range(1,n+2):
60            for j in range(1,n+2):
61                Lu = (u[i+1][j]+u[i][j+1]+u[i-1][j]+u[i][j-1]
                          -4*u[i][j]) / h2
62                Lv = (v[i+1][j]+v[i][j+1]+v[i-1][j]+v[i][j-1]
                          -4*v[i][j]) / h2
63                f = -u[i][j]*v[i][j]**2 + a*(1 -u[i][j])
64                g = u[i][j]*v[i][j]**2 - b*v[i][j]
65                u1[i][j] = u[i][j] + (Du*Lu +f)*dt
66                v1[i][j] = v[i][j] + (Dv*Lv +g)*dt
67        for i in range(1, n+2):
68            for j in range(1, n+2):
69                u[i][j] = u1[i][j]
70                v[i][j] = v1[i][j]
71
72    def display(u, xmin, xmax, ymin, ymax, p):
73        domain = (xmin, xmax, ymin, ymax)
74        xstep = (domain[1] - domain[0]) / n
75        ystep = (domain[3] - domain[2]) / n
```

```
76          verts = []
77          for i in range(1, n+2):
78              x = domain[0] + (i-1)*xstep
79              for j in range(1, n+2):
80                  y = domain[2] + (j-1)*ystep
81                  z = u[i][j]*p
82                  verts.append((x, y, z))
83          faces = []
84          for i in range(n):
85              for j in range(n):
86                  e = i * (n + 1) + j
87                  faces.append((e, e+1, e+n+2, e+n+1))
88          rs.AddMesh(verts, faces)
89
90      clear()
91      init()
92      for ite in range(5000):
93          boundary()
94          update()
95      display(u, -100, 100, -100, 100, 10)
```

Step 1　定数を設定する

プログラムを順に見ていきましょう。まずは、定数の設定です。解析の精度に関わるパラメータである空間の分割数nを縦横ともに100、間隔hを0.1、hの2乗をh2とします。また、時間間隔dtを0.5とします。拡散係数Du、Dvをそれぞれ0.002および0.001、また、反応項の係数a、bをそれぞれ0.02および0.078とします。係数Du、Dv、a、bの微妙な違いによって現れるパターンに大きな違いが生じますから、プログラムが完成したら、これら4つのパラメータをいろいろ試してみるといいでしょう。活性因子uと抑制因子vはリストとして、空のリストを準備します。時刻tにおけるuとvに対し、dtだけ時間が経過した次の時刻の活性因子と抑制因子もそれぞれu1とv1として、同様に空のリストを準備します。

```
1       import rhinoscriptsyntax as rs
2       import math as ma
3       import random
4
5       n = 100
6       dt = 0.5
```

```
7         h = 0.1
8         h2 = h*h
9
10        a = 0.02
11        b = 0.078
12        Du = 0.002
13        Dv = 0.001
14
15        u = []
16        v = []
17        u1 = []
18        v1 = []
```

5-8	解析の精度に関わる空間の分割数h、時間間隔dt、間隔hなどパラメータを設定する。
10-13	反応拡散方程式系に現れる定数を設定する。
15-18	活性因子uと抑制因子vのための空のリストu、v、u1、v1を用意する。

Step 2 **2次元のリストを初期化する**

解析の領域は図62のような2次元の格子状（マトリクス）であり、各格子点は2次元リストのインデックスを2つ指定することによって特定できます。すべての活性因子uに1をセットし、抑制因子vには0をセットしましょう。この機能を`clear()`という名前の関数としてまとめます。

```
20        def clear():
21            row = []
22            for i in range(n+3):
23                for j in range(n+3):
24                    row.append (1)
25                u.append(row)
26                u1.append(row)
27                row = []
28            row = []
29            for i in range(n+3):
30                for j in range(n+3):
31                    row.append(0)
32                v.append(row)
33                v1.append(row)
```

```
34                row = []
```

20	`clear()`関数の見出し行。
21	領域を構成するマトリクスの1行分の空リスト`row`を用意する。
22	行を0から`n+2`まで`n+3`回繰り返す[1)]。
23	列を0から`n+2`まで`n+3`回繰り返す。
24	`row`の1行分の要素をすべて1とする。
25	`row`の1行分の要素がすべて整ったらマトリクス`u`にリスト`row`を追加する。
26	同様に、マトリクス`u1`にもリスト`row`を追加する。
27	次の行を作るために再び`row`を空にする。
28-34	同様の方法でマトリクス`v`と`v1`を作る。

註
1) `range(n+3)`と書いて繰り返すと、0から`n+2`までが実行されることに注意しましょう。

Step 3　分布に乱れを作る

前述の`clear()`関数で$u=1$、$v=0$に設定すると、$f=g=0$となり、また$\Delta u=\Delta v=0$となります。すると濃度変化の速度も$\frac{\partial u}{\partial t}$、$\frac{\partial v}{\partial t}=0$となりますので、状態に変化が生じないということになってしまいます。そこで、格子点の全体から格子点を1つランダムに選択し、この周辺の格子で活性因子`u`は0.6付近のランダムな値を、また、抑制因子`v`は0.2付近のランダムな値を設定して初期値としましょう。なお、この処理は、平滑な分布に乱れを設定することに目的があって、その値には特にこだわる必要はありません。この機能を`init()`という名前の関数にまとめます。

```
36    def init():
37        x = random.randrange(1, n+2)
38        y = random.randrange(1, n+2)
39        for i in range(1, n+2):
40            for j in range(1, n+2):
41                r = ma.sqrt((x-i)**2 + (y-j)**2)
42                if r < 8:
43                    u[i][j] = 0.6 + random.random()*0.06
44                    v[i][j] = 0.2 + random.random()*0.02
```

36	`init()`関数の見出し行。
37	領域内の任意のx方向位置を決める。
38	同様に、y方向位置を決める。

39	領域内の x 方向を1から`n+1`まで以下の計算を繰り返す。
40	同様に、y 方向を1から`n+1`まで以下の計算を繰り返す。
41	格子点 (x, y) と (i, j) の距離を計算して`r`とする。
42	距離`r`が8未満なら、
43	その位置における`u`の値を`0.6`付近の値に変更する。
44	同様に、`v`を`0.2`付近の値に変更する。

Step 4 境界処理を行う

領域の端部でも微分を近似できるよう、境界処理を行う必要があります。式 (3) では、(i, j) という点において計算を行うためにその点の前後左右の値を必要とします。領域の端部では、その外側の値も必要となるために1周余計に格子点を用意しています。その余計な格子点の値は、領域の左端と右端がつながった周期的な空間を想定して以下の境界処理をしておきます。領域の上下も同じです。この機能を`boundary()`という名前の関数にまとめます。

```
46      def boundary():
47          for i in range(1, n+2):
48              u[i][0] = u[i][n+1]
49              u[i][n+2] = u[i][1]
50              u[0][i] = u[n+1][i]
51              u[n+2][i] = u[1][i]
52          for i in range(1, n+2):
53              v[i][0] = v[i][n+1]
54              v[i][n+2] = v[i][1]
55              v[0][i] = v[n+1][i]
56              v[n+2][i] = v[1][i]
```

46	`boundary()`関数の見出し行。
47	領域の辺に沿って以下の計算を繰り返す。
48	x 軸に沿った領域外の1行を反対側の活性因子`u`の値と同一とする。
49	もう片方の領域外の1行も反対側の`u`の値と同一とする。
50	y 軸に沿った領域外の1列を反対側の`u`の値と同一とする。
51	もう片方の領域外の1列も反対側の`u`の値と同一とする。
52-56	抑制因子`v`についても、同様の処理を行う。

Step 5 *u*、*v*の分布を更新する

式 (2) を使って、今現在の`u`、`v`の値をもとにして次の時刻の値`u1`、`v1`を計算します。すべての格子

点でu1、v1の値が計算できたら、これらをu、vにコピーします。このような手順を繰り返すことで、次々とu、vの変化を計算することが可能になります。この機能をupdate()という名前の関数にまとめます。

```
58      def update():
59          for i in range(1, n+2):
60              for j in range(1, n+2):
61                  Lu = (u[i+1][j]+u[i][j+1]+u[i-1][j]+u[i][j-1]
                          -4*u[i][j]) / h2
62                  Lv = (v[i+1][j]+v[i][j+1]+v[i-1][j]+v[i][j-1]
                          -4*v[i][j]) / h2
63                  f = -u[i][j]*v[i][j]**2 + a*(1 -u[i][j])
64                  g = u[i][j]*v[i][j]**2 - b*v[i][j]
65                  u1[i][j] = u[i][j] + (Du*Lu +f)*dt
66                  v1[i][j] = v[i][j] + (Dv*Lv +g)*dt
67          for i in range(1, n+2):
68              for j in range(1, n+2):
69                  u[i][j] = u1[i][j]
70                  v[i][j] = v1[i][j]
```

58	update()関数の見出し行。
59	領域内をx方向に繰り返す。
60	領域内をy方向に繰り返す。
61	領域内の各格子点で式(3)で示される活性因子uのラプラス演算を実行する。
62	同様に、式(3)で示されるvのラプラス演算を実行する。
63	領域内の各格子点で式(4)で示される反応項fを計算する。
64	同様に、式(4)で示される反応項gを計算する。
65	領域内の各格子点で式(2)を使って時刻$t+dt$における活性因子の値u1を計算する。
66	同様に、時刻$t+dt$における抑制因子v1の値を計算する。
67-70	すべてのu1、v1を計算したところで、u、vを更新する。

Step 6　メッシュで分布を立体的に表示する

Chapter 2で作ったメッシュのプログラム(P.76)をもとにして活性因子uの濃度分布を立体的に描きましょう。この機能をdisplay()という名前の関数にまとめます。パラメータは活性因子u、領域を示すx座標の最小値と最大値のxminとxmax、同じくy座標の最小値と最大値のyminとymax、倍率です。u、vの値は比較的小さな値となりますから、表示するには適当な倍率をかけて拡大するのです。

```
72      def display(u, xmin, xmax, ymin, ymax, p):
73          domain = (xmin, xmax, ymin, ymax)
74          xstep = (domain[1] - domain[0]) / n
75          ystep = (domain[3] - domain[2]) / n
76          verts = []
77          for i in range(1, n+2):
78              x = domain[0] + (i-1)*xstep
79              for j in range(1, n+2):
80                  y = domain[2] + (j-1)*ystep
81                  z = u[i][j]*p
82                  verts.append((x, y, z))
83          faces = []
84          for i in range(n):
85              for j in range(n):
86                  e = i * (n + 1) + j
87                  faces.append((e, e+1, e+n+2, e+n+1))
88          rs.AddMesh(verts, faces)
```

72	`display()`関数の見出し行。
73	領域のサイズを2方向の始点と終点の値で設定する。
74	格子点のx方向の間隔`xstep`を計算する。
75	格子点のy方向の間隔`ystep`を計算する。
76	メッシュの頂点を保存するために空のリスト`verts`を用意する。
77	x方向に以下の計算を繰り返す。
78	格子点の`x`座標値を計算する。
79	y方向に以下の計算を繰り返す。
80	格子点の`y`座標値を計算する。
81	`u`の値に倍率をかけて`z`座標値を計算する。
82	頂点のリスト`verts`に点の座標値`(x, y, z)`を追加する。
83	メッシュの面を保存するために空のリスト`faces`を用意する。
84	x方向に以下の計算を繰り返す。
85	y方向に以下の計算を繰り返す。
86	`i`と`j`と`n`の値からメッシュの面の番号`e`を計算する。
87	`e`を使って計算できるメッシュの面の構成番号`(e, e+1, e+n+2, e+n+1)`を面のリスト`faces`に追加する。
88	`verts`と`faces`が整ったら`AddMesh`を使ってメッシュを描く。

Step 7　更新を繰り返し、最後にメッシュを表示する

以上で必要な関数が準備できたので、これらを使って反応拡散のシミュレーションを実行します。まずはclear()関数を使ってu、vを準備するところから始めます。続いてinit()関数で局所的な乱れを作ります。以後、boundary()関数とupdate()関数を5000回程度繰り返してシミュレーションを進めます。range()関数に指定した回数だけ計算を繰り返したらdisplay()関数で活性因子の濃度分布を立体的に表示します。

```
90        clear()
91        init()
92        for ite in range(5000):
93            boundary()
94            update()
95        display(u, -100, 100, -100, 100, 10)
```

90	clear()関数を実行して、u, v, u1, v1を準備する。
91	init()関数を実行して、領域の一部に乱れを作る。
92-94	boundary()関数とupdate()関数を順に5000回繰り返す[1)]。
95	計算が終了したらdisplay()関数を実行して、その分布をメッシュで描く。

図64は、clear()とinit()を使って局所的な乱れを作り、その初期状態をdisplay()で描いたものです。このようにしてできた初期状態から、boundary()とupdate()を5000回程度繰り返すと図65や図66のようなチューリング・パターンが生成されます。しかし、この計算には時間がかかりますから、いきなり5000回を指定しないで、間違いがないか様子を見ながら回数を増やすことをお勧めします。図65も図66も解析の精度に関わるパラメータはn = 100、dt = 0.5、h = 0.1と同じですが、反応拡散方程式の係数a、b、Du、Dvの微妙な違いによって異なるパターンが現れることがわかります。

図64　init()関数でできた局所的な乱れ

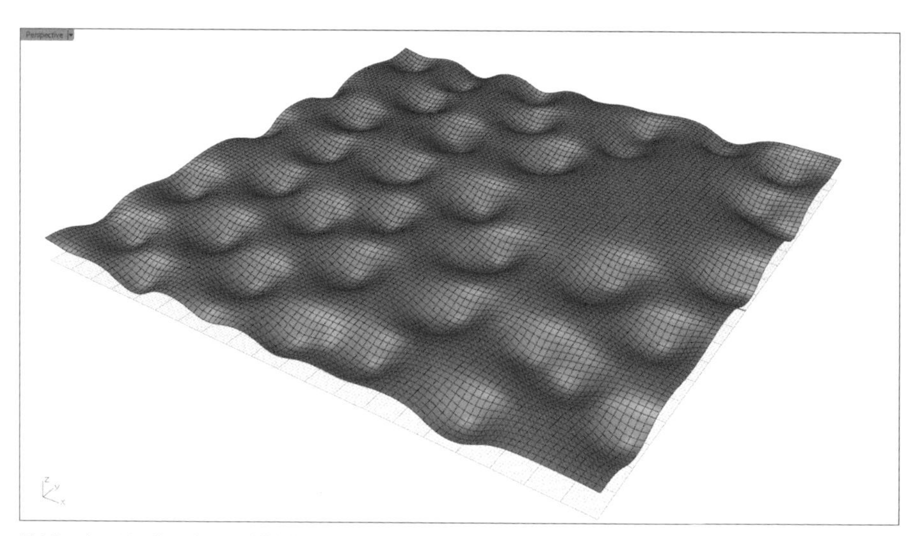

図65 チューリング・パターンの例(係数: n = 100、dt = 0.5、h = 0.1、a = 0.02、b = 0.078、Du = 0.002、Dv = 0.001)

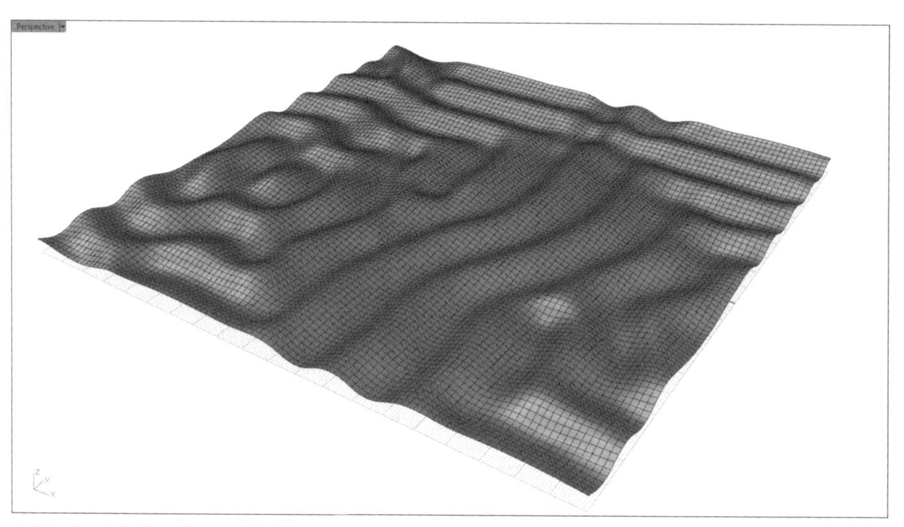

図66 チューリング・パターンの例(係数: n = 100、dt = 0.5、h = 0.1、a = 0.024、b = 0.078、Du = 0.002、Dv = 0.0008)

註

1) はじめは5000回としないで、100回、500回、1000回などと徐々に増やしましょう。

付 録

1　Grasshopper のコンポーネントを作る

2　貝殻の Grasshopper コンポーネント

3　Python 便利な関数リスト

1 Grasshopperのコンポーネントを作る

アルゴリズムを使って新しい形を模索しようとするデザイナーにとって、Rhinoのプラグインである Grasshopper（グラスホッパー）は大変便利なGAEです。グラフィカルであるため、プログラミングやスクリプトの知識を必要としません。さまざまな機能を持ったコンポーネントをつなぎながら視覚的にアルゴリズムを構築することが可能です。しかし、使えるコンポーネントの種類には限りがあって、やりたいことを記述するには非常に回りくどいコンポーネントの接続が必要であったり、あるいは適切なコンポーネントが存在しない場合さえあります。Grasshopperだけを使うとか、Pythonプログラミング言語だけを使うというのではなく、どちらも必要に応じて自由に使えるというのが設計の自由度をより高めることにつながるでしょう。ここでは、GrasshopperのコンポーネントをPythonで作る方法について紹介します。

Grasshopperで使うPython Script「ghpython」は、food4Rhino.comのサイトからダウンロードします。ダウンロードが完了したら、Grasshopperの「File > Special Folders > Components Folder」と進んで開いた「Libraries」フォルダに、ダウンロードしたghpythonファイルを保存します。RhinoとGrasshopperを再起動すれば準備完了です。RhinoのコマンドエリアからGrasshopperを起動して「Python Script」のコンポーネントを図1のようにキャンバスに配置します。「Python Script」は「Maths > Script > Python Script」にあります。このコンポーネントの中央にあるタイトルを右クリックして、図2のようにプルダウンメニューを開き、名称を「Sample」などと変更します。

コンポーネントをダブルクリックすると図3のようにエディタが開きます。ここにプログラム・コードを記述します。図4のプログラムで試してみましょう。このプログラムでは、`surf`、`nu`、`nv`、`length`という変数が未定義です。これらはコンポーネントの外部から入力します。`surf`には曲面を、`nu`と`nv`には整数を、`length`には小数点数を入力することを想定しています。OKボタンをクリックすればコードの編集は終了です。

コンポーネントを選択して、マウスのホイールを回すと縮小・拡大ができます。図5（P.180）のように⊕や⊖の表示が見えるまで適当に拡大します。コンポーネントの左側にある文字は、入力端子の名称

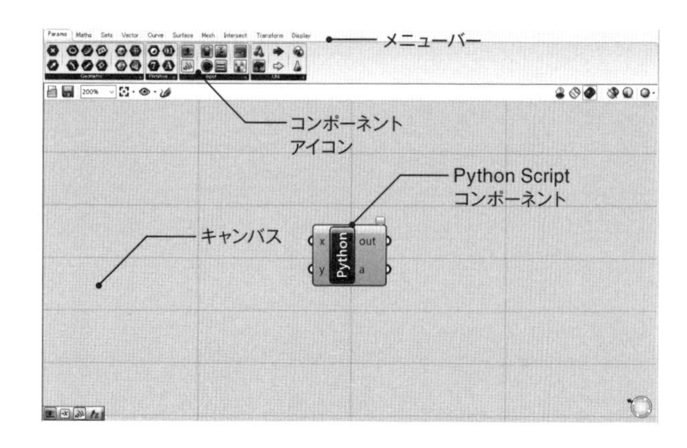

図1　GrasshopperのキャンバスにPython Scriptを貼り付ける

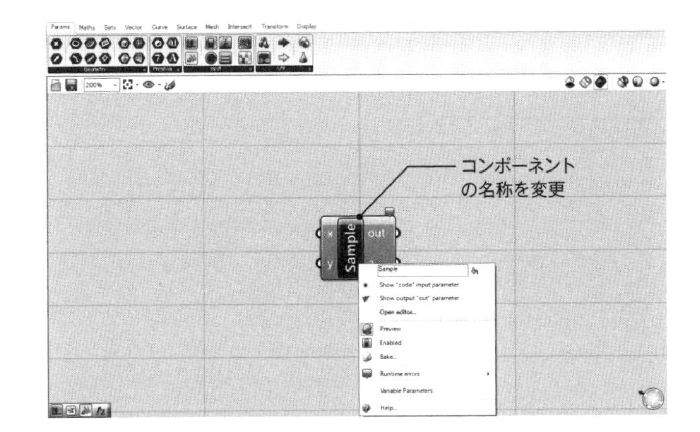

図2　プルダウンメニューからコンポーネントの名称を変更

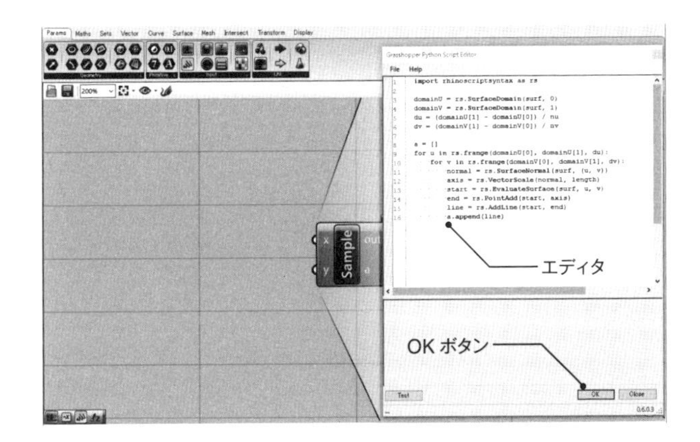

図3　コンポーネントをダブルクリックして表示されるエディタにPythonのプログラム・コードを記述

```
1   import rhinoscriptsyntax as rs
2
3   domainU = rs.SurfaceDomain(surf, 0)
4   domainV = rs.SurfaceDomain(surf, 1)
5   du = (domainU[1] - domainU[0]) / nu
6   dv = (domainV[1] - domainV[0]) / nv
7
8    a = []
9    for u in rs.frange(domainU[0], domainU[1], du):
10       for v in rs.frange(domainV[0], domainV[1], dv):
11           normal = rs.SurfaceNormal(surf, (u, v))
12           axis = rs.VectorScale(normal, length)
13           start = rs.EvaluateSurface(surf, u, v)
14           end = rs.PointAdd(start, axis)
15           line = rs.AddLine(start, end)
16           a.append(line)
```

図4　図3のエディタに記述されたコードの内容

です。また、右側は出力端子の名称です。初期設定では、入力側にxとyが準備されています。出力側にはoutとaがあります。outはエラーがあったときなどにメッセージが出力される端子なので、必要があれば「Panel」をつなぐとエラーの内容が確認できます。「Panel」は「Params > Input > Panel」にあります。入力側の⊕をクリックして、入力数が4つになるようにします。xやyなどを書き換えて、図6のようにsurf、nu、nv、lengthとします。さらに、nuの上で右クリックしてメニューからType hintへと進み、intを選んで整数が入力されることを明示します。nvも同様です。lengthはfloatとして小数点数であることを明示します。次に「Surface (Srf)」コンポーネントと3つの「Number Slider」を図7のようにキャンバスに配置します。「Surface」は「Params > Geometry > Surface」にあります。「Slider」は「Params > Input > Number Slider」にあります。「Srf」には、Rhinoで用意した曲面をセットします。これには「Srf」コンポーネントを右クリックして、メニューからSet one Surfaceを選び、Rhinoに用意した曲面をクリックします。1つ目の「Slider」を右クリックしてプルダウンメニューからEdit (編集)を開き、中央のSlider accurancyの「Rounding」R、N、E、OからN (Integer numbers)を指定して、最小値 (Min)を2、最大値 (Max)を50に変更します。2つ目も同様です。3つ目も2~50ですが、R (Floating Point numbers)を指定します。

図8のように接続すると図9のようなプレビューが表示されます。Sliderの目盛を調節して、気に入った形状が得られたら、Rhinoのオブジェクトに変換しましょう。コンポーネントのタイトル部分を右クリックするとプルダウンメニューが表示されますので、この中からBake (焼く)を選択するとRhinoで触って編集できるオブジェクトに変換されます。図10のように、その先に「Pipe」コンポーネントを接続して図11のような形状にすることもできます。

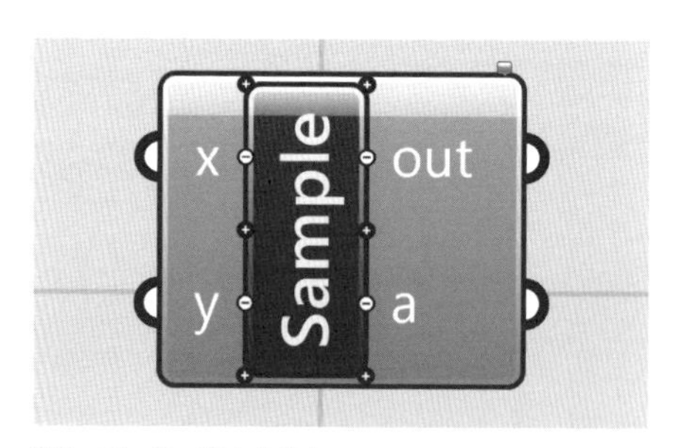

図5 コンポーネントを拡大

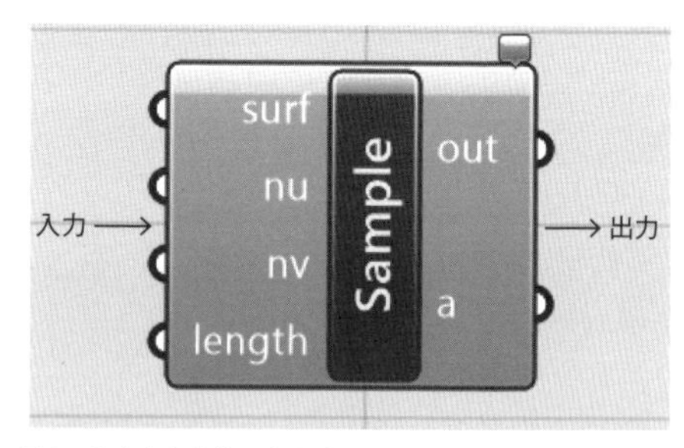

図6 入力と出力端子名を変更

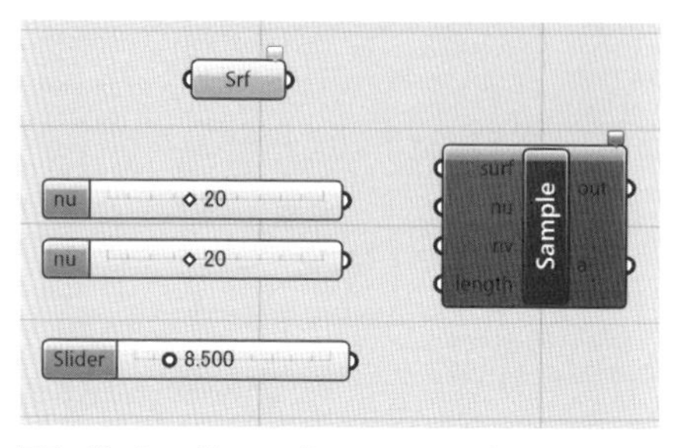

図7 「Surface」と3つの「Number Slider」を配置

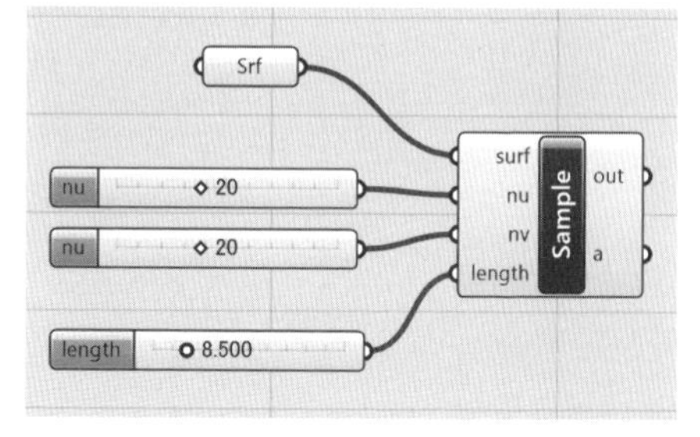

図8 コンポーネントを接続

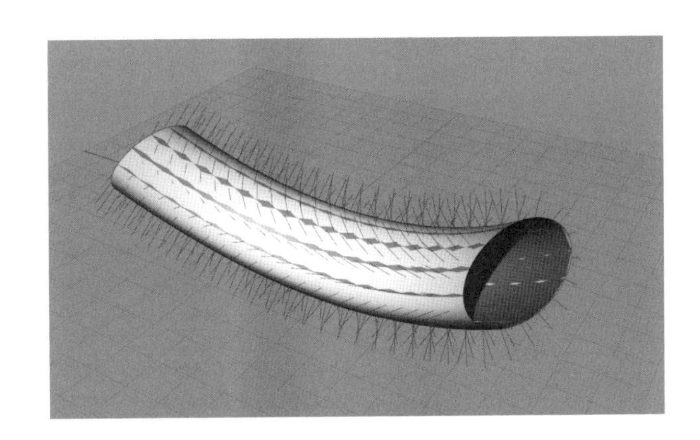

図9　図8のコンポーネントの組み合わせの結果（プレビュー）

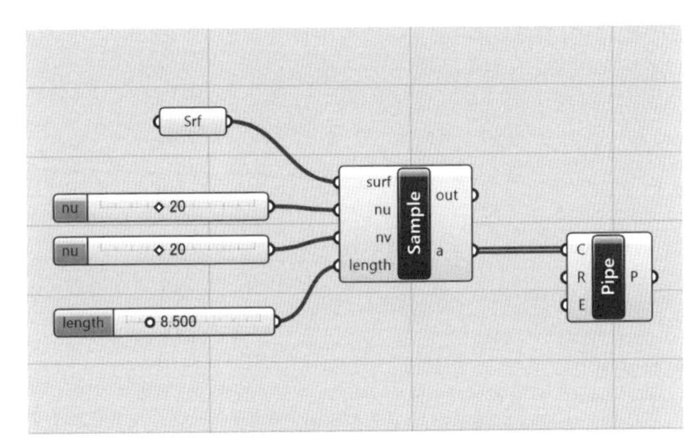

図10　Python Scriptのコンポーネント「Sample」に「Pipe」を接続

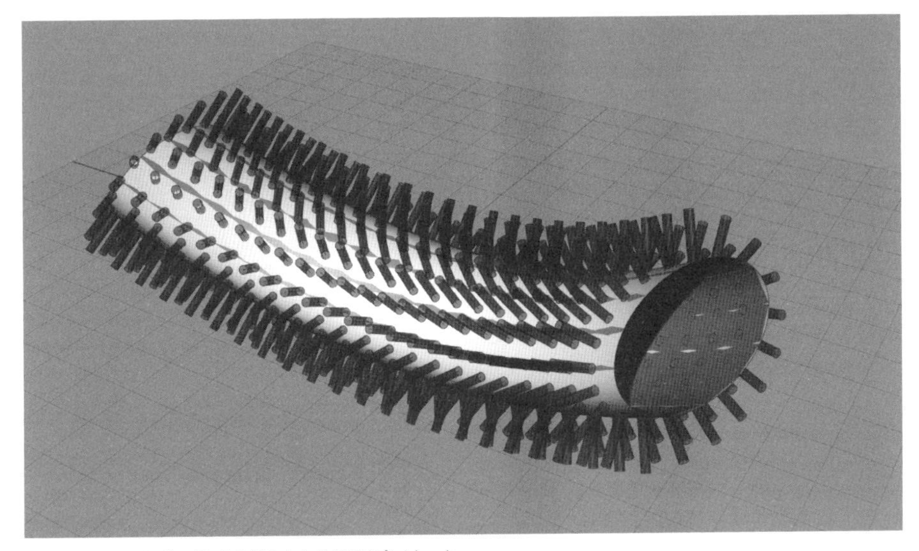

図11　図10のコンポーネントの組み合わせ結果（プレビュー）

2 巻貝のGrasshopperコンポーネント

Chapter 3で作った巻貝のプログラム（P.114）をGrasshopperのコンポーネントにまとめ直して活用する方法を紹介します。

前述した方法（P.178）でGrasshpperを起動してPython Scriptのコンポーネントをキャンバスに配置します。このコンポーネントの中央にあるタイトルを右クリックして、プルダウンメニューを開き、名称を「Conch」などと変更します（図12）。

プログラム中で角度を意味するphiをコンポーネントの外部から入力して巻貝の形を変更できるようにします。また、プログラムを実行してできる巻貝にはshellという名前を付けて出力とします。したがって、入力はphiのみとなりますから、入力端子2つ目のyは⊖をクリックして削除します。図13のようにxを右クリックして書き換えてphiとします。また、出力のaを右クリックしてshellと書き換えます。

コンポーネントをダブルクリックするとエディタが開きます。ここに巻貝のコード（P.121）を貼り付けます（図14）。phiの値はコンポーネントの外部から入力しますから、この行を削除しておきます。OKボタンをクリックしてコードの編集は終了です。修正したコードは、図15のようになります。

次にコンポーネント「Slider」と「Radians」をキャンバスに配置します（P.184図16）。「Slider」は「Params > Input > Number Slider」にあります。また、「Radians」は「Maths > Trig > Radians」にあります。「Slider」を右クリックして「Edit」（編集）を開き、最小値（Min）を10、最大値（Max）を90に変更します。Radiansは度で表示された角度をラジアンの単位に変換するコンポーネントです。Sliderの出力をRadiansの入力につなぎます（図17）。

ラジアン単位に変換された出力を完成した巻貝のコンポーネントにつないで入力すれば、Rhinoのドキュメントに巻貝がプレビューとして表示されます。Sliderで角度を調節してみてください。気に入った形状が得られたら、Rhinoのオブジェクトに変換しましょう。巻貝のコンポーネントのタイトル部分を右クリックするとプルダウンメニューが表示されますので、この中からBake（焼く）を選択するとRhinoで触って編集できるオブジェクトに変換されます。

角度を大きくしたときも滑らかな曲面で表現したいなら、9行目にあるforステートメント`ma.pi/6`をもっと細かく、例えば`ma.pi/24`などと書き換えるといいでしょう。

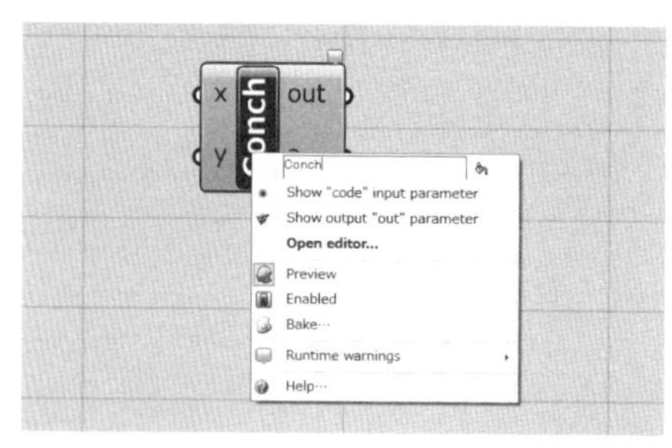

図12 プルダウンメニューからコンポーネントの名称を変更

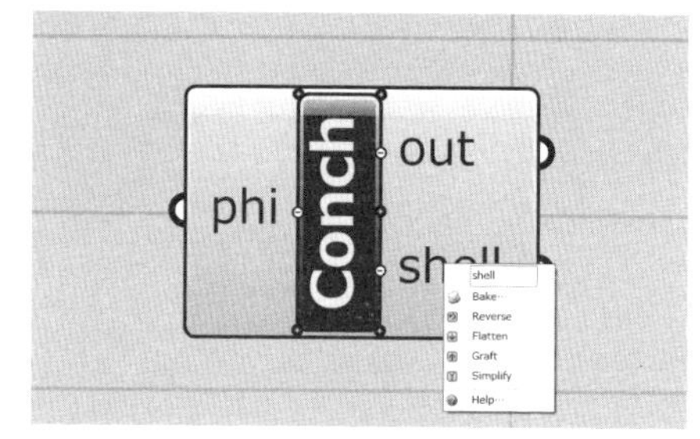

図13 コンポーネントを拡大表示し入力と出力の端子名を変更

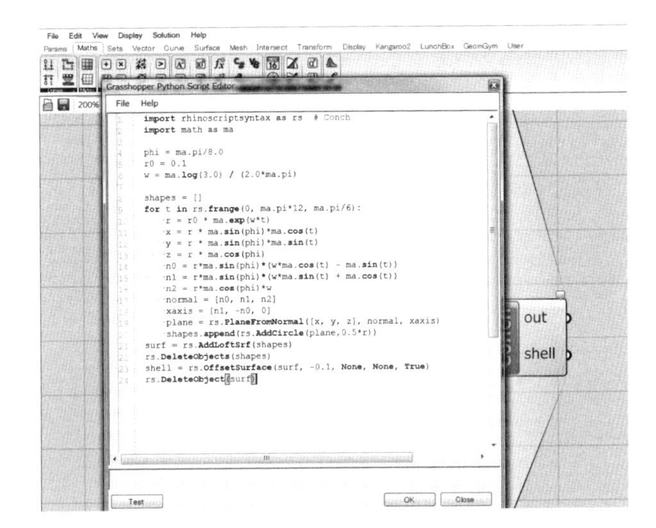

図14　エディタにPythonのプログラム・コードを貼り付け

```
1   import rhinoscriptsyntax as rs  # Conch
2   import math as ma
3
4   phi = ma.pi/8.0
5   r0 = 0.1
6   w = ma.log(3.0) / (2.0*ma.pi)
7
8   shapes = []
9   for t in rs.frange(0, ma.pi*12, ma.pi/6):
10      r = r0 * ma.exp(w*t)
11      x = r * ma.sin(phi)*ma.cos(t)
12      y = r * ma.sin(phi)*ma.sin(t)
13      z = r * ma.cos(phi)
14      n0 = ma.sin(phi)*(w*ma.cos(t) - ma.sin(t))
15      n1 = ma.sin(phi)*(w*ma.sin(t) + ma.cos(t))
16      n2 = ma.cos(phi)*w
17      normal = [n0, n1, n2]
18      xaxis = [n1, -n0, 0]
19      plane = rs.PlaneFromNormal([x, y, z],
        normal, xaxis)
20      shapes.append(rs.AddCircle(plane,0.5*r))
21   surf = rs.AddLoftSrf(shapes)
22   rs.DeleteObjects(shapes)
23   shell = rs.OffsetSurface(surf, -0.1, None, None,
             True)
24   rs.DeleteObject(surf)
```

図15　図14のエディタに記述されたコードの内容

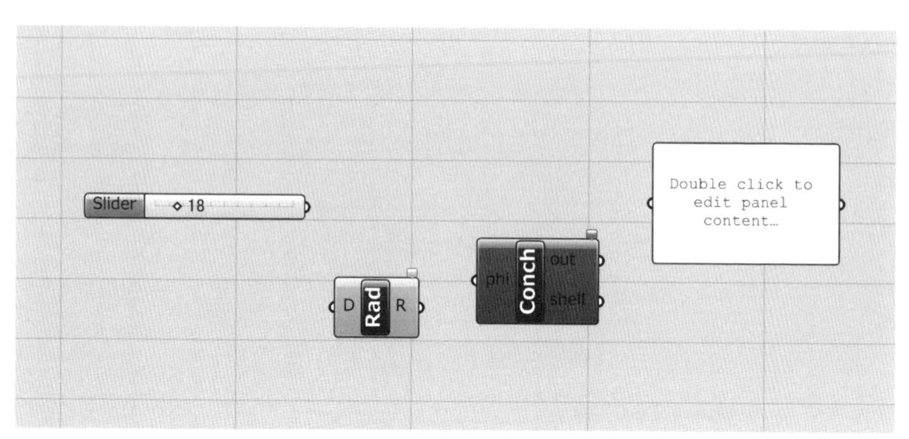

図16 「Slider」と「Radians」のコンポーネントを配置

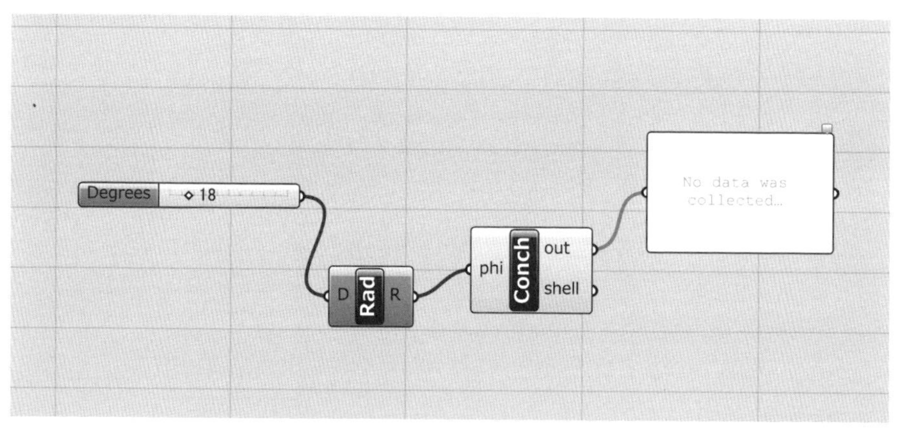

図17 コンポーネントを接続

3　Python便利な関数リスト

Rhinoで扱うことのできるPythonの関数の詳細は、Rhino. Python Programmer's Referenceに示されています（メニューバーの「Help」から「Python Help」を選択）。構文、パラメータ、返り値の仕様と使用例が示されています。ここには、この本で使う主な関数の中から本文中の説明だけでは不十分と思われるものだけを選んで簡単にまとめました。

AddInterpCurve

内挿（補間）曲線を描く。

▷構文

```
rhinoscriptsyntax.AddInterpCurve
(points, degree=3, knotstyle=0, start_
tangent=None, end_tangent=None)
```

▷パラメータ

`points`　［必須］補完しようとする3次元の点列

`degree`　［オプション］曲線の度数。省略した場合は3

`knotstyle`　［オプション］ノット。省略した場合は0

`start_tangent, end_tangent`　［オプション］始点および終点における接線ベクトル

▷返り値

`Guid`　成功した場合にはオブジェクトの識別子

`None`　エラーなどで失敗した場合には返り値なし

AddLoftSrf

ロフトして曲面を生成する。

▷構文

```
rhinoscriptsyntax.AddLoftSrf
(object_ids, start=None, end=None, loft_
type=0, simplify_method=0, value=0,
closed=False)
```

▷パラメータ

`object_ids`　［必須］リスト。ロフトする曲線

`start`　［オプション］ロフトの始点

`end`　［オプション］ロフトの終点

`loft_type`　［オプション］0、1、2、3、4の整数。ロフトのタイプ（0：標準、1：ルーズ、2：ストレート、3：タイト、4：可展）

`simplify_method`　［オプション］0、1、2の整数。ロフトの単純化メソッド（0：単純化しない、1：曲線を再構築、2：曲線を改修）

`value`　［オプション］整数。詳細はHelp参照

`closed`　［オプション］ブーリアン（`True`：開口を閉じる、`False`：閉じない）

▷返り値

リスト　成功した場合には曲面の識別子

`None`　エラーなどで失敗した場合には返り値なし

AddNurbsSurface

NURBS曲面を追加する。

▷構文

```
rhinoscriptsyntax.AddNurbsSurface
(point_count, points, knots_u, knots_v,
degree, weights=None)
```

▷パラメータ

`point_count`　［必須］リスト。uおよびv方向の制御点の数

`points`　［必須］リスト。3次元の点のリスト

`knots_u`　［必須］リスト。u方向のノット

`knots_v`　［必須］リスト。v方向のノット

`degree`　［必須］リスト。uおよびv方向の度数

`weights`　［オプション］リスト。NURBS曲面の重み

▷返り値

`Guid`　成功した場合には曲面の識別子

`None`　エラーなどで失敗した場合には返り値なし

AddPipe

曲線のまわりにパイプを生成する。

▷構文

```
rhinoscriptsyntax.AddPipe
(curve_id, parameters, radii, blend_
type=0, cap=0, fit=False)
```

▷パラメータ

`curve_id`　［必須］パスとなる曲線

`parameters`　［必須］リストまたは数値。パイプの半径がどこで変化するのかを示したリスト

`radii`　［必須］リストまたは数値。半径のリスト

`blend_type`　［オプション］0、1の数値。ブレンディング

の値（0(Default)：ローカル、1：グローバル）
cap ［オプション］0、1、2 の数値。端部のキャップの種類（0(Default)：キャップなし、1：平面キャップ、2：半球キャップ）
fit ［オプション］ブーリアン。フィットの有無
▷返り値
リスト　成功した場合にはオブジェクトの識別子
None　エラーなどで失敗した場合には返り値なし

AddPlanarSrf
平面曲線から面を生成する。
▷構文
rhinoscriptsyntax.AddPlanarSrf
(object_ids)
▷パラメータ
object_ids ［必須］リスト。平面曲線の識別子
▷返り値
リスト　成功した場合には生成した面の識別子
None　エラーなどで失敗した場合には返り値なし

CurveDomain
曲線の領域を返す。
▷構文
rhinoscriptsyntax.CurveDomain
(curve_id, segment_index=-1)
▷パラメータ
curve_id ［必須］曲線の識別子
segment_index ［オプション］数値。曲線がセグメントからなる場合にインデックスを指定
▷返り値
リスト　成功した場合には領域
None　エラーなどで失敗した場合には返り値なし

CurveTangent
曲線の指定されたパラメータにおける接線ベクトルを返す。
▷構文
rhinoscriptsyntax.CurveTangent
(curve_id, parameter, segment_index=-1)
▷パラメータ
curve_id ［必須］曲線の識別子
parameter ［必須］数値。接線ベクトルを計算した位置のパラメータ
segment_index ［オプション］数値。曲線がセグメントからなる場合にインデックスを指定
▷返り値
Vector3d　成功した場合には 3 次元ベクトル
None　エラーなどで失敗した場合には返り値なし

ExtrudeCurve
曲線をパス曲線に沿って押し出して曲面を生成する。
▷構文
rhinoscriptsyntax.ExtrudeCurve
(curve_id, path_id)
▷パラメータ
curve_id ［必須］押し出す曲線の識別子
path_id ［必須］パス曲線の識別子
▷返り値
Guid　生成されたオブジェクトの識別子
None　エラーなどで失敗した場合には返り値なし

GetObject
ユーザーに単一のオブジェクトを選択するよう指示する。
▷構文
rhinoscriptsyntax.GetObject
(message=None, filter=0, preselect=False, select=False, custom_filter=None, subobjects=False)
▷パラメータ
message ［オプション］文字列。メッセージ
filter ［オプション］整数。幾何学的オブジェクトの種類（0：

すべての幾何学的オブジェクト、1：点、2：点群、4：曲線、8：単一曲面、16：複合曲面、32：メッシュ）

▷返り値

リスト　成功した場合には選択されたオブジェクトの識別子

None　エラーなどで失敗した場合には返り値なし

IntersectBreps

ビーレップ（Boundary Representation）と、ほかのビーレップの交差を計算する。

▷構文

rhinoscriptsyntax.IntersectBreps
(brep1, brep2, tolerance=None)

▷パラメータ

brep1　［必須］1つ目のビーレップの識別子

brep2　［必須］2つ目のビーレップの識別子

tolerance　［オプション］数値。許容誤差

▷返り値

リスト　成功した場合には生成された曲線または点の識別子

None　エラーなどで失敗した場合には返り値なし

IsCurveClosed

曲線が閉じているかどうかを確認する。

▷構文

rhinoscriptsyntax.IsCurveClosed
(curve_id)

▷パラメータ

curve_id　［必須］曲線の識別子

▷返り値

ブーリアン　閉じているならTrue、そうでなければFalse

None　エラーなら返り値なし

JoinCurves

複数の曲線を結合する。

▷構文

rhinoscriptsyntax.JoinCurves
(object_ids, delete_input=False, tolerance=None)

▷パラメータ

object_ids　［必須］リスト。結合したい曲線のリスト

delete_input　［オプション］ブーリアン。結合した後に入力した曲線を削除するかどうか

tolerance　［オプション］数値。許容値

▷返り値

リスト　生成された曲線の識別子

None　エラーなどで失敗した場合には返り値なし

PlaneFromNormal

原点の位置と法線ベクトルから面を作る。

▷構文

rhinoscriptsyntax.PlaneFromNormal
(origin, normal, xaxis=None)

▷パラメータ

origin　［必須］リスト。原点の座標

normal　［必須］法線ベクトル

xaxis　［オプション］面のx軸の方向を指定する方向ベクトル

▷返り値

Plane　成功した場合には、面

None　エラーなどで失敗した場合には返り値なし

TransformObject

4×4の座標変換マトリクスに従ってオブジェクトを移動、拡大縮小、または回転する。

▷構文

rhinoscriptsyntax.TransformObject
(object_id, matrix, copy=False)

▷パラメータ

object_id　［必須］オブジェクトの識別子

matrix　［必須］4×4の座標変換マトリクス

copy　［オプション］ブーリアン。移動時に入力されたオブ

ジェクトをコピーするかどうか

▷返り値

Guid 新たに移動したオブジェクトの識別子

VectorCrossProduct

ベクトルのベクトル積を計算する。

▷構文

rhinoscriptsyntax.VectorCrossProduct (vector1, vector2)

▷パラメータ

vector1 [必須] 3次元ベクトル

vector2 [必須] 3次元ベクトル

▷返り値

Vector3d 計算が成功した場合には、3次元ベクトル

None エラーの場合には返り値なし

VectorRotate

3次元ベクトルを回転する。

▷構文

rhinoscriptsyntax.VectorRotate (vector, angle_degrees, axis)

▷パラメータ

vector [必須] リスト。3次元ベクトル

angle_degrees [必須] 数値。回転の角度

axis [必須] リスト。回転の軸を表すベクトル

▷返り値

Vector3d 計算が成功した場合には、3次元ベクトル

None エラーの場合には返り値なし

XformRotation

回転変換マトリクスを生成する。

▷構文

rhinoscriptsyntax.XformRotation2 (angle_degrees, rotation_axis, center_point)

rhinoscriptsyntax.XformRotation3 (start_direction, end_direction, center_point)

▷パラメータ

angle_degrees [必須] 数値。度の単位で示された回転角

rotation_axis [必須] 3次元ベクトルで示された回転軸

start_direction [必須] 3次元ベクトルで示された回転の初期方向

end_direction [必須] 3次元ベクトルで示された回転の最終方向

center_point [必須] 3次元ベクトルで示された回転の中心点

▷返り値

Transform 4×4 座標変換マトリクス

None エラーの場合には返り値なし

Index

略歴

三井和男（みつい・かずお）

日本大学教授

1977年、日本大学生産工学部数理工学科卒業。1979年、日本大学大学院生産工学研究科博士前期課程建築工学専攻修了。博士（工学）。2009年より現職（日本大学生産工学部創生デザイン学科）。

著書:『デザイン言語Processing入門』(森北出版)、『新Excelコンピュータシミュレーション』(森北出版)、『Excelコンピュータシミュレーション』(森北出版)、『アルゴリズミック・デザイン』(共著、日本建築学会編、鹿島出版会)、『発見的最適化手法による構造のフォルムとシステム』(共著、コロナ社)ほか。

Rhinoceros×Python コンピュテーショナル・デザイン入門

2017年1月10日　第1版 発 行
2021年5月10日　第1版 第3刷

著作権者との協定により検印省略

著　者　三　井　和　男
発行者　下　出　雅　徳
発行所　株式会社　彰　国　社

162-0067　東京都新宿区富久町8-21
電話　03-3359-3231（大代表）
振替口座　00160-2-173401

自然科学書協会会員
工学書協会会員

Printed in Japan

印刷：三美印刷　製本：ブロケード

ISBN 978-4-395-32083-7　C3055　https://www.shokokusha.co.jp